# 吉林省科研机构服务创新发展研究

## （2024）

主　　编　张　可　王桂华　刘竞妍
执行主编　井丽巍　于　寒　丁亚男
特邀主编　张世彤　孙晓丽　刘东来

社会科学文献出版社
SOCIAL SCIENCES ACADEMIC PRESS (CHINA)

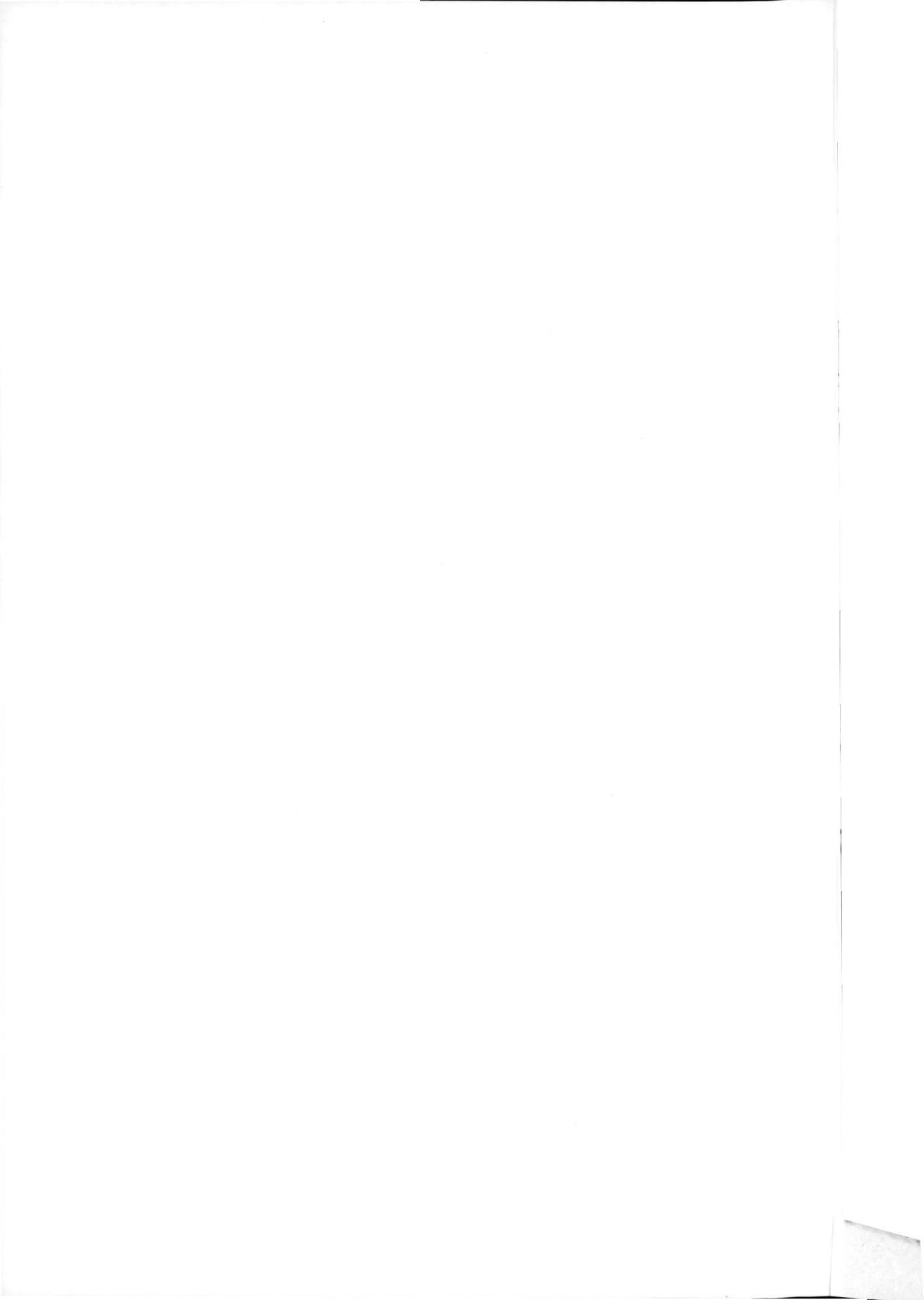

# 《吉林省科研机构服务创新发展研究（2024）》编委会

# 主要编撰者简介

张　可：吉林省科技信息研究所研究员，从事科技统计分析工作，获得多次国家及省部级荣誉，撰写论文 20 余篇。

王桂华：吉林省科技信息研究所总统计师，研究员，从事科技统计管理工作，承担省部级项目 10 余项，出版专著 2 部，撰写论文 10 余篇。

刘竞妍：吉林省科学技术信息研究所助理研究员，从事科技统计分析工作，参与省部级项目 10 余项，撰写论文 9 篇，出版专著 1 部。

井丽巍：吉林省科技信息研究所研究员，从事科技统计工作，承担省部级项目 10 项，出版专著 5 部，撰写论文 16 篇。

于　寒：吉林农业大学副教授，从事农业生态学等工作，承担省部级项目 10 项，撰写论文 20 余篇，获得国家级奖励。

丁亚男：任职吉林省科学技术情报学会，从事科技情报研究，参与省部级项目 6 项，发表论文 5 篇，出版 1 部专著。

张世彤：吉林省科技创新研究院院长，研究员，从事科技政策等研究，承担省部级项目 20 多项，撰写相关论文 10 余篇。

孙晓丽：吉林省计算中心主任，从事计算领域工作，承担 10 项省部级项目。

刘东来：吉林省医疗保障事业管理中心高级经济师，吉林省社会科学院专家，长期从事政策法规研究。

# 目 录

## 一 综合报告

## 二 地区报告

## 三 专题报告

# 一　综合报告

# 吉林省科研机构创新能力监测分析报告

张　可　宗　领　王桂华*

**摘　要：** 本报告以科技部全国科学研究和技术服务业非企业单位科技活动统计调查数据为基础，结合《吉林科技统计年鉴》等相关数据，围绕科研机构的创新能力，从科技创新资源、研发活动情况、科技创新产出、经济社会价值以及合作交流环境五个方面入手，综合吉林省科研机构创新能力监测情况，为政府部门提供吉林省科研机构改革、科技政策制定等方面的数据支撑，为公众了解吉林省科研机构的创新发展状况提供窗口和平台，为进一步推动吉林省全面振兴，建设创新型省份提供一份翔实的监测分析研究报告。

**关键词：** 科研机构；创新能力；研发活动；创新产出

## 一　科研机构创新能力监测指标体系的构建

### （一）指标构建基础

创新概念最早是 20 世纪 40 年代由美国经济学家熊彼特提出。美国经济学家华尔特·罗斯托提出了"起飞"六阶段理论，将"创新"的概念发

---

* 张可，吉林省科学技术信息研究所，研究员，主要研究方向为科技统计分析；宗领，吉林省科学技术信息研究所，研究实习员，主要研究方向为科技统计分析；通讯作者：王桂华，吉林省科学技术信息研究所，研究员，主要研究方向为科技统计分析。

展为"技术创新"，把"技术创新"提高到"创新"的主导地位。[1] 在熊彼特提出创新的概念后，创新一词的概念逐步从狭义趋于广义。

科技创新是构建新发展格局和促进高质量发展的核心驱动力，将为中国式现代化建设提供"最大增量"。党的十八大以来，以习近平同志为核心的党中央把科技创新摆在国家发展全局的核心位置，推动我国科技创新事业不断发展，科研机构作为创新主体之一，是大多数行业和领域关键共性技术研发的基地，是重大科技成果工程化与产业化、科技创新人才集聚和培养、技术交流与合作的重要平台，是一个区域科技基础能力建设的重要组成部分，对一个区域的科技创新发展水平、经济综合实力乃至发展后劲起着至关重要的作用。

近年来，科研机构在科技创新战略发展中充分发挥了骨干和引领作用，科研资源配置得到了进一步优化，创新能力不断提升，在区域经济建设和社会发展中发挥着越来越重要的作用[2]。本报告基于科技部全国科学研究和技术服务业非企业单位科技活动统计调查数据，结合《吉林科技统计年鉴》等数据，根据吉林省科研机构的定位及其科技创新活动特点，遵循全面性、公开性、可对比性等原则，构建了以下能够反映吉林省科研机构创新能力的监测框架。

## （二）科研机构创新能力监测框架

一是科技创新资源。科技创新资源是科研机构开展研发活动的基础条件，涵盖科研机构中人员、经费、科学仪器设备等方面的资源基础情况，包括 7 个二级指标。

二是研发活动情况。主要反映科研机构在研究与实验发展（R&D）活动中的人力投入、资金投入及研发活动类型等方面的基本活动情况，包括 9 个二级指标。

三是科技创新产出。主要反映科研机构在论文、专利、标准等方面科

---

[1] 巩从杰：《创新能力问题研究》，《现代商贸工业》2011 年第 22 期，第 167~168 页。

[2] 高文、张慧南、吴达：《我国研究机构创新活动特点分析》，《天津科技》2020 年第 5 期，第 12~15 页。

技成果产出情况，包括 9 个二级指标。

四是经济社会价值。主要反映科研机构在劳动力就业、专利所有权转让与许可、科技成果转化等方面的情况，包括 4 个二级指标。

五是合作交流环境。主要反映科研机构与境内外机构在 R&D 活动中的合作情况，包括对境内科研单位、高等院校、企业和境外机构 R&D 经费外部支出等 6 个二级指标。

以上总计选取 5 个一级指标，35 个二级指标，具体如表 1 所示。

**表 1　科研机构创新能力监测框架**

| 一级指标 | 二级指标 |
| --- | --- |
| 1. 科技创新资源 | 1.1　科技活动人员总数（人）<br>1.2　硕博士学历人员占比（%）<br>1.3　中高级职称人员占比（%）<br>1.4　科技活动收入（万元）<br>1.5　政府资金收入占比（%）<br>1.6　技术性收入占比（%）<br>1.7　仪器设备费（万元） |
| 2. 研发活动情况 | 2.1　R&D 人员折合全时当量（人年）<br>2.2　R&D 研究人员全时当量（人年）<br>2.3　R&D 研究人员占 R&D 人员比重（%）<br>2.4　R&D 课题支出占全部课题支出比重（%）<br>2.5　R&D 经费内部支出（万元）<br>2.6　基础研究在 R&D 经费内部支出中占比（%）<br>2.7　应用研究在 R&D 经费内部支出中占比（%）<br>2.8　试验发展在 R&D 经费内部支出中占比（%）<br>2.9　R&D 经费外部支出（万元） |
| 3. 科技创新产出 | 3.1　发表论文篇数（篇）<br>3.2　国外发表论文占比（%）<br>3.3　专利申请受理数（件）<br>3.4　专利授权数（件）<br>3.5　发明专利申请占比（%）<br>3.6　发明专利授权占比（%）<br>3.7　有效发明专利拥有量（件）<br>3.8　科技活动人员千人拥有有效发明专利数（件）<br>3.9　形成国家或行业标准数（项） |
| 4. 经济社会价值 | 4.1　从业人员总数（人）<br>4.2　专利所有权转让及许可数（件）<br>4.3　专利所有权转让及许可收入（万元）<br>4.4　实施科技成果转化取得的收入（万元） |

续表

| 一级指标 | 二级指标 |
|---|---|
| 5. 合作交流环境 | 5.1 R&D 经费内部支出中的国外资金（万元）<br>5.2 对境内科研单位 R&D 经费外部支出（万元）<br>5.3 对境内高等院校 R&D 经费外部支出（万元）<br>5.4 对境内企业 R&D 经费外部支出（万元）<br>5.5 对境外单位 R&D 经费外部支出（万元）<br>5.6 对境内其他单位 R&D 经费外部支出（万元） |

资料来源：《吉林科技统计年鉴》。

# 二　科研机构创新能力总体情况

作为吉林省科研事业的重要组成部分，科研机构既是重要的知识创新部门，担负着科技传播、服务社会的责任；也是吉林省促进科技成果转化和产业技术创新的一支重要力量。

"十三五"以来，吉林省科研机构为推动区域科技促进经济社会发展作出了巨大贡献。近年来，科研机构 R&D 经费投入占吉林省全社会 R&D 经费投入的比重从 2016 年的 21.07% 增长到 2022 年的 30.5%。

## （一）科技创新资源

截至 2022 年，吉林省共有科研机构 111 个，比上年减少 5 个；科技活动人员总数为 10618 人，比上年减少 181 人；科技活动收入为 738832 万元，按收入来源分，政府资金收入占比为 83.85%，比上年下降了 4.9 个百分点，技术性收入占比为 6.12%，比上年下降了 3.28 个百分点（见表 2）。

表 2　科研机构科技创新资源（2017~2022 年）

| 年份 | 2017 | 2018 | 2019 | 2020 | 2021 | 2022 |
|---|---|---|---|---|---|---|
| 科技活动人员总数（人） | 10305 | 10080 | 10462 | 10686 | 10799 | 10618 |
| 硕博士学历人员占比（%） | 42.01 | 44.36 | 49.71 | 45.76 | 47.25 | 46.96 |
| 中高级职称人员占比（%） | 73.47 | 72.68 | 72.01 | 71.28 | 70.20 | 68.80 |
| 科技活动收入（万元） | 443205 | 497353 | 573159 | 628803 | 706382 | 738832 |

续表

| 年份 | 2017 | 2018 | 2019 | 2020 | 2021 | 2022 |
|---|---|---|---|---|---|---|
| 政府资金收入占比（%） | 90.02 | 92.05 | 88.65 | 90.21 | 88.75 | 83.85 |
| 技术性收入占比（%） | 7.78 | 6.97 | 8.84 | 7.80 | 9.40 | 6.12 |
| 仪器设备费（万元） | 78836 | 49711 | 69204 | 67741 | 65760 | 59731 |

资料来源：《吉林科技统计年鉴》。

## （二）研发活动情况

截至 2022 年，吉林省科研机构 R&D 人员折合全时当量为 8229 人年，比上年增加 113 人年，占全省 R&D 人员折合全时当量（全省 48947.2 人年）的 16.81%，占比较上年提高了 0.62 个百分点；R&D 经费内部支出为 571455 万元，比上年减少了 7532 万元，占全省 R&D 经费内部支出总额（全省 1872794 万元）的 30.51%，占比较上年下降了 1.02 个百分点；R&D 经费内部支出中基础研究、应用研究和试验发展的占比分别为 21.60%、22.53% 和 55.88%，基础研究和应用研究占比较上年分别提高了 0.62 个和 1.78 个百分点（见表 3）。

**表 3 科研机构研发活动情况（2017~2022 年）**

| 年份 | 2017 | 2018 | 2019 | 2020 | 2021 | 2022 |
|---|---|---|---|---|---|---|
| R&D 人员折合全时当量（人年） | 7452 | 7669 | 7817 | 8420 | 8116 | 8229 |
| R&D 研究人员全时当量（人年） | 4027 | 4067 | 4546 | 4594 | 4585 | 4752 |
| R&D 研究人员占 R&D 人员比重（%） | 54.04 | 53.03 | 58.16 | 54.56 | 56.49 | 57.75 |
| R&D 课题支出占全部课题支出比重（%） | 92.82 | 91.81 | 94.90 | 94.02 | 97.13 | 95.71 |
| R&D 经费内部支出（万元） | 300081 | 326376 | 464498 | 480066 | 578987 | 571455 |
| 基础研究在 R&D 经费内部支出中占比（%） | 22.28 | 15.98 | 11.56 | 26.41 | 20.98 | 21.60 |
| 应用研究在 R&D 经费内部支出中占比（%） | 31.23 | 29.22 | 32.60 | 22.25 | 20.75 | 22.53 |
| 试验发展在 R&D 经费内部支出中占比（%） | 46.49 | 54.81 | 55.84 | 51.34 | 58.26 | 55.88 |
| R&D 经费外部支出（万元） | 40.60 | 48 | 120.10 | 6.40 | 0 | 795 |

资料来源：《吉林科技统计年鉴》。

## （三）科技创新产出

截至 2022 年，吉林省科研机构共发表论文 4080 篇，比上年减少 510 篇，其中，国外发表论文占比为 63.24%，占比较上年提高了 6.38 个百分点；专利申请受理数为 1466 件，比上年增加 59 件，其中，发明专利申请占比为 90.72%，占比较上年提高了 3.58 个百分点，专利授权数为 1017 件，比上年减少 195 件，其中，发明专利授权占比为 85.94%，占比较上年提高了 4.09 个百分点；截至 2022 年，有效发明专利拥有量为 5005 件，比上年增加 187 件；科技活动人员千人拥有有效发明专利数为 471.37 件，比上年增加 25.22 件；形成国家或行业标准数为 30 项，比上年减少 11 项（见表 4）。

表 4　科研机构科技创新产出（2017~2022 年）

| 年份 | 2017 | 2018 | 2019 | 2020 | 2021 | 2022 |
|---|---|---|---|---|---|---|
| 发表论文篇数（篇） | 4096 | 4061 | 4493 | 4623 | 4590 | 4080 |
| 国外发表论文占比（%） | 37.38 | 41.27 | 52.19 | 53.97 | 56.86 | 63.24 |
| 专利申请受理数（件） | 1142 | 1215 | 1360 | 1373 | 1407 | 1466 |
| 专利授权数（件） | 750 | 603 | 680 | 996 | 1212 | 1017 |
| 发明专利申请占比（%） | 85.73 | 89.22 | 92.21 | 86.53 | 87.14 | 90.72 |
| 发明专利授权占比（%） | 84.40 | 78.94 | 84.26 | 86.24 | 81.85 | 85.94 |
| 有效发明专利拥有量（件） | 2973 | 3210 | 3624 | 4800 | 4818 | 5005 |
| 科技活动人员千人拥有有效发明专利数（件） | 288.50 | 318.45 | 346.40 | 449.19 | 446.15 | 471.37 |
| 形成国家或行业标准数（项） | 41 | 54 | 27 | 29 | 41 | 30 |

资料来源：《吉林科技统计年鉴》。

## （四）经济社会价值

截至 2022 年，吉林省科研机构从业人员总数为 12923 人，比上年减少 384 人；专利所有权转让及许可数为 51 件、收入为 1615 万元，专利所有权转让及许可数比上年减少 62 件、收入减少 14101 万元；实施科技成果转化取得的收入为 7573 万元（见表 5）。

表5　科研机构经济社会价值（2017~2022年）

| 年份 | 2017 | 2018 | 2019 | 2020 | 2021 | 2022 |
|---|---|---|---|---|---|---|
| 从业人员总数（人） | 12906 | 13388 | 13505 | 13268 | 13307 | 12923 |
| 专利所有权转让及许可数（件） | 56 | 36 | 112 | 73 | 113 | 51 |
| 专利所有权转让及许可收入（万元） | 1524 | 2150 | 10016 | 16840 | 15716 | 1615 |
| 实施科技成果转化取得的收入（万元） | — | 99495 | 48116 | 75947 | 133081 | 7573 |

注：表中"　"表示没有数据或者数据不能获得，余同。
资料来源：《吉林科技统计年鉴》。

## （五）合作交流环境

对外合作交流相比往年有一定的进步，2022年吉林省科研机构R&D经费外部支出为795万元，是近年来支出最多的一次（见表6）。

表6　科研机构合作交流环境（2017~2022年）

| 年份 | 2017 | 2018 | 2019 | 2020 | 2021 | 2022 |
|---|---|---|---|---|---|---|
| R&D经费内部支出中的国外资金（万元） | 286 | 1138 | 226 | 629 | 1009 | 316 |
| 对境内科研单位R&D经费外部支出（万元） | 48 | 0 | 0 | 0 | 0 | 0 |
| 对境内高等院校R&D经费外部支出（万元） | 0 | 18 | 80 | 0 | 0 | 13 |
| 对境内企业R&D经费外部支出（万元） | 0 | 30 | 20 | 0 | 0 | 752 |
| 对境外单位R&D经费外部支出（万元） | 0 | 0 | 0 | 0 | 0 | 0 |
| 对境内其他单位R&D经费外部支出（万元） | — | — | 20 | 6 | 0 | 30 |

资料来源：《吉林科技统计年鉴》。

# 三　中央部门属科研机构创新能力状况

中央部门属科研机构在吉林省拥有举足轻重的地位，尤其是中国科学院所属科研机构是中央部门属科研机构的核心力量，为推动吉林省科技创新进步，经济社会发展作出了重要贡献。

## （一）科技创新资源

截至2022年，吉林省中央部门属科研机构共有10个，其中，中科院属科研机构 4 个。中央部门属科研机构科技创新人力资源素质较高，从业人员中的科技活动人员总数为 4482 人，硕博士学历人员占比超一半，为60.71%，中高级职称人员占比为 66.42%；科技活动收入 553516 万元，比上年增加 33427 万元，占全省科研机构科技活动收入的 74.92%；其中，政府资金收入 459374 万元，占比为 82.99%，比上年下降了 9.36 个百分点，技术性收入 31784 万元，占比为 5.74%，比上年下降了 0.39 个百分点（见表 7）。

表 7　中央部门属科研机构科技创新资源（2017~2022 年）

| 年份 | 2017 | 2018 | 2019 | 2020 | 2021 | 2022 |
|---|---|---|---|---|---|---|
| 科技活动人员总数（人） | 3921 | 3870 | 4273 | 4356 | 4536 | 4482 |
| 硕博士学历人员占比（%） | 65.34 | 68.79 | 75.66 | 62.63 | 63.29 | 60.71 |
| 中高级职称人员占比（%） | 81.79 | 82.89 | 74.23 | 72.73 | 70.68 | 66.42 |
| 科技活动收入（万元） | 261838 | 309955 | 386905 | 444793 | 520089 | 553516 |
| 政府资金收入占比（%） | 90.61 | 93.16 | 87.96 | 90.36 | 92.35 | 82.99 |
| 技术性收入占比（%） | 6.12 | 5.72 | 8.54 | 6.92 | 6.13 | 5.74 |
| 仪器设备费（万元） | 59179 | 32417 | 58201 | 49518 | 45411 | 42238 |

资料来源：《吉林科技统计年鉴》。

## （二）研发活动情况

截至 2022 年，中央部门属科研机构的 10 个单位中有 5 个单位有 R&D 活动，R&D 人员折合全时当量为 5688 人年，比上年增加 174 人年，R&D 人员折合全时当量占全省科研机构的 69.12%，占比较上年提高了 1.18 个百分点；R&D 经费内部支出为 486343 万元，比上年减少了 10392 万元，占全省科研机构 R&D 经费内部支出的 85.11%，占比较上年下降了 0.68 个百分点；中央部门属科研机构 R&D 经费内部支出中基础研究、应用研究和试验发展的占比分别为 22.68%、20.66% 和 56.66%，应用研究投入占比较上年提高了 1.13 个百分点（见表 8）。

表 8　中央部门属科研机构研发活动情况（2017~2022 年）

| 年份 | 2017 | 2018 | 2019 | 2020 | 2021 | 2022 |
|---|---|---|---|---|---|---|
| R&D 人员折合全时当量（人年） | 4575 | 4853 | 4979 | 5667 | 5514 | 5688 |
| R&D 研究人员全时当量（人年） | 2534 | 2682 | 3029 | 3124 | 3098 | 3189 |
| R&D 研究人员占 R&D 人员比重（%） | 55.39 | 55.26 | 60.84 | 55.13 | 56.18 | 56.07 |
| R&D 课题支出占全部课题支出比重（%） | 98.42 | 96.77 | 99.43 | 98.65 | 98.73 | 97.16 |
| R&D 经费内部支出（万元） | 232568 | 251220 | 380606 | 393672 | 496735 | 486343 |
| 基础研究在 R&D 经费内部支出中占比（%） | 24.91 | 17.03 | 11.28 | 28.80 | 22.83 | 22.68 |
| 应用研究在 R&D 经费内部支出中占比（%） | 32.63 | 31.29 | 32.68 | 20.52 | 19.53 | 20.66 |
| 试验发展在 R&D 经费内部支出中占比（%） | 42.46 | 51.68 | 56.04 | 50.68 | 57.65 | 56.66 |
| R&D 经费外部支出（万元） | 47 | 48 | 97 | 6 | 0 | 732 |

资料来源：《吉林科技统计年鉴》。

## （三）科技创新产出

截至 2022 年，中央部门属科研机构共发表论文 2957 篇，比上年减少 298 篇，其中，国外发表论文占比为 82.72%，占比较上年提高了 6.87 个百分点；专利申请受理数 1253 件，比上年增加 88 件，其中，发明专利申请占比为 95.13%，占比较上年提高了 2.51 个百分点，专利授权数 837 件，比上年减少 165 件，发明专利授权占比为 89.96%，占比较上年提高了 1.54 个百分点；截至 2022 年，有效发明专利拥有量为 4547 件，比上年增加 182 件；科技活动人员千人拥有有效发明专利数为 1014.5 件；形成国家或行业标准数为 12 项，比上年增加 2 项（见表 9）。

表 9　中央部门属科研机构科技创新产出（2017~2022 年）

| 年份 | 2017 | 2018 | 2019 | 2020 | 2021 | 2022 |
|---|---|---|---|---|---|---|
| 发表论文篇数（篇） | 2676 | 2578 | 3019 | 3176 | 3255 | 2957 |
| 国外发表论文占比（%） | 55.64 | 62.61 | 75.29 | 75.79 | 75.85 | 82.72 |
| 专利申请受理数（件） | 966 | 1035 | 1173 | 1125 | 1165 | 1253 |
| 专利授权数（件） | 643 | 454 | 572 | 824 | 1002 | 837 |

续表

| 年份 | 2017 | 2018 | 2019 | 2020 | 2021 | 2022 |
|---|---|---|---|---|---|---|
| 发明专利申请占比（%） | 92.86 | 94.88 | 97.10 | 92.89 | 92.62 | 95.13 |
| 发明专利授权占比（%） | 92.22 | 91.63 | 91.96 | 92.60 | 88.42 | 89.96 |
| 有效发明专利拥有量（件） | 2780 | 2969 | 3402 | 4490 | 4365 | 4547 |
| 科技活动人员千人拥有有效发明专利数（件） | 709.00 | 767.18 | 796.16 | 1030.76 | 962.3 | 1014.5 |
| 形成国家或行业标准数（项） | 12 | 16 | 3 | 6 | 10 | 12 |

资料来源：《吉林科技统计年鉴》。

## （四）经济社会价值

截至 2022 年，中央部门属科研机构专利所有权转让及许可数为 30 件、收入为 1320 万元，专利所有权转让及许可数比上年减少了 81 件、收入减少了 14386 万元；实施科技成果转化取得的收入为 2836 万元（见表 10）。

表 10　中央部门属科研机构经济社会价值（2017~2022 年）

| 年份 | 2017 | 2018 | 2019 | 2020 | 2021 | 2022 |
|---|---|---|---|---|---|---|
| 从业人员总数（人） | 4133 | 4700 | 4988 | 4869 | 4964 | 4872 |
| 专利所有权转让及许可数（件） | 43 | 36 | 108 | 72 | 111 | 30 |
| 专利所有权转让及许可收入（万元） | 1454 | 2150 | 9985 | 16838 | 15706 | 1320 |
| 实施科技成果转化取得的收入（万元） | — | 96759 | 47416 | 72285 | 129988 | 2836 |

资料来源：《吉林科技统计年鉴》。

## （五）合作交流环境

2022 年中央部门属科研机构对外合作交流有一定程度加强，对境内企业 R&D 经费外部支出为 732 万元（见表 11）。

表 11　中央部门属科研机构合作交流环境（2017~2022 年）

| 年份 | 2017 | 2018 | 2019 | 2020 | 2021 | 2022 |
|---|---|---|---|---|---|---|
| R&D 经费内部支出中的国外资金（万元） | 282 | 1102 | 179 | 629 | 1009 | 316 |
| 对境内科研单位 R&D 经费外部支出（万元） | 47 | 0 | 0 | 0 | 0 | 0 |

续表

| 年份 | 2017 | 2018 | 2019 | 2020 | 2021 | 2022 |
|---|---|---|---|---|---|---|
| 对境内高等院校 R&D 经费外部支出（万元） | 0 | 0 | 77 | 0 | 0 | 0 |
| 对境内企业 R&D 经费外部支出（万元） | 0 | 0 | 0 | 0 | 0 | 732 |
| 对境外单位 R&D 经费外部支出（万元） | 0 | 0 | 0 | 0 | 0 | 0 |
| 对境内其他单位 R&D 经费外部支出（万元） | — | — | 20 | 6 | 0 | 0 |

资料来源：《吉林科技统计年鉴》。

## 四 省级部门属科研机构创新能力状况

省级部门属科研机构是吉林省科技创新事业发展的中坚力量，在推动全省科技进步、促进经济社会发展等方面发挥了重要的作用，具有不可替代的地位。

### （一）科技创新资源

截至 2022 年，吉林省省级部门属科研机构共有 53 个；科技活动人员总数为 4256 人，比上年减少 35 人，硕博士学历人员数 1750 人，占比为 41.12%，比上年提高了 0.99 个百分点；科技活动收入 140165 万元，比上年增加了 2013 万元，其中，政府资金收入占比为 89.60%，占比较上年提高了 8.59 个百分点，技术性收入占比为 9.21%，比上年下降了 6.11 个百分点（见表 12）。

表 12 省级部门属科研机构科技创新资源（2017~2022 年）

| 年份 | 2017 | 2018 | 2019 | 2020 | 2021 | 2022 |
|---|---|---|---|---|---|---|
| 科技活动人员总数（人） | 4417 | 4250 | 4269 | 4374 | 4291 | 4256 |
| 硕博士学历人员占比（%） | 32.31 | 34.05 | 36.92 | 38 | 40.13 | 41.12 |
| 中高级职称人员占比（%） | 70.64 | 68.82 | 73.67 | 71.42 | 70.66 | 71.01 |
| 科技活动收入（万元） | 138865 | 143267 | 147167 | 144289 | 138152 | 140165 |
| 政府资金收入占比（%） | 86.22 | 87.75 | 87.98 | 87.47 | 81.01 | 89.60 |

续表

| 年份 | 2017 | 2018 | 2019 | 2020 | 2021 | 2022 |
|---|---|---|---|---|---|---|
| 技术性收入占比（%） | 11.03 | 11.54 | 11.69 | 12.42 | 15.32 | 9.21 |
| 仪器设备费（万元） | 17180 | 15201 | 9968 | 16244 | 19830 | 17080 |

资料来源：《吉林科技统计年鉴》。

## （二）研发活动情况

截至 2022 年，吉林省省级部门属科研机构 R&D 人员折合全时当量为 2011 人年，比上年减少 55 人年，其中 R&D 研究人员占 R&D 人员比重为 64.25%，占比提高了 3.94 个百分点；R&D 经费内部支出为 72709 万元，比上年略有增加，增加了 1513 万元，在 2022 年全省整体科研机构 R&D 经费内部支出下降的情况下，省级部门属科研机构 R&D 经费内部支出实现了增长；近年来，省级部门属科研机构在基础研究方面愈加重视，2022 年的 R&D 经费内部支出中，基础研究占 15.80%，比上年提高了 4.68 个百分点，应用研究占 38.09%，比上年提高了 6.58 个百分点，试验发展占 46.11%，比上年下降了 11.26 个百分点（见表 13）。

表 13　省级部门属科研机构研发活动情况（2017~2022 年）

| 年份 | 2017 | 2018 | 2019 | 2020 | 2021 | 2022 |
|---|---|---|---|---|---|---|
| R&D 人员折合全时当量（人年） | 2710 | 2142 | 2174 | 2108 | 2066 | 2011 |
| R&D 研究人员全时当量（人年） | 1163 | 1095 | 1196 | 1208 | 1246 | 1292 |
| R&D 研究人员占 R&D 人员比重（%） | 42.92 | 51.12 | 55.01 | 57.31 | 60.31 | 64.25 |
| R&D 课题支出占全部课题支出比重（%） | 73.34 | 76.79 | 72.62 | 67.38 | 72.05 | 73.97 |
| R&D 经费内部支出（万元） | 55297 | 63540 | 74595 | 74024 | 71196 | 72709 |
| 基础研究在 R&D 经费内部支出中占比（%） | 14.94 | 12.19 | 13.34 | 16.83 | 11.12 | 15.80 |
| 应用研究在 R&D 经费内部支出中占比（%） | 28.52 | 23.30 | 34.74 | 33.42 | 31.51 | 38.09 |
| 试验发展在 R&D 经费内部支出中占比（%） | 56.55 | 64.51 | 51.92 | 49.75 | 57.37 | 46.11 |
| R&D 经费外部支出（万元） | 41 | 0 | 0 | 0 | 0 | 28 |

资料来源：《吉林科技统计年鉴》。

## （三）科技创新产出

截至 2022 年，吉林省省级部门属科研机构共发表论文 966 篇，比上年减少 168 篇，其中，国外发表论文占比为 13.87%，比上年提高了 1.52 个百分点；专利申请受理数 189 件，比上年减少 17 件，其中发明专利申请占比为 68.78%，比上年提高了 1.79 个百分点，专利授权数 165 件，比上年减少 16 件，其中发明专利授权占比为 70.91%，比上年提高 16.21 个百分点；截至 2022 年有效发明专利拥有量为 406 件，科技活动人员千人拥有有效发明专利数 95.39 件；形成国家或行业标准数为 11 项，比上年减少 9 项（见表 14）。

表 14　省级部门属科研机构科技创新产出（2017~2022 年）

| 年份 | 2017 | 2018 | 2019 | 2020 | 2021 | 2022 |
|---|---|---|---|---|---|---|
| 发表论文篇数（篇） | 1171 | 1250 | 1247 | 1230 | 1134 | 966 |
| 国外发表论文占比（%） | 3.59 | 4.48 | 5.77 | 6.99 | 12.35 | 13.87 |
| 专利申请受理数（件） | 171 | 156 | 134 | 174 | 206 | 189 |
| 专利授权数（件） | 100 | 139 | 97 | 145 | 181 | 165 |
| 发明专利申请占比（%） | 45.03 | 53.85 | 64.18 | 64.94 | 66.99 | 68.78 |
| 发明专利授权占比（%） | 37.00 | 41.01 | 45.36 | 65.52 | 54.70 | 70.91 |
| 有效发明专利拥有量（件） | 183 | 227 | 206 | 297 | 431 | 406 |
| 科技活动人员千人拥有有效发明专利数（件） | 41.43 | 53.41 | 48.25 | 67.90 | 100.44 | 95.39 |
| 形成国家或行业标准数（项） | 24 | 37 | 21 | 15 | 20 | 11 |

资料来源：《吉林科技统计年鉴》。

## （四）经济社会价值

截至 2022 年，吉林省省级部门属科研机构专利所有权转让及许可数 21 件、收入为 295 万元，专利所有权转让及许可数量比上年增加 19 件、收入增加 285 万元，专利所有权转让及许可数量和收入有了很大的提高；实施科技成果转化有一定的进展，取得的收入为 4258 万元，比上年增加了 1273 万元（见表 15）。

表 15　省级部门属科研机构经济社会价值（2017～2022 年）

| 年份 | 2017 | 2018 | 2019 | 2020 | 2021 | 2022 |
|---|---|---|---|---|---|---|
| 从业人员总数（人） | 6136 | 6092 | 6008 | 5948 | 5951 | 5781 |
| 专利所有权转让及许可数（件） | 13 | 0 | 4 | 1 | 2 | 21 |
| 专利所有权转让及许可收入（万元） | 70 | 0 | 31 | 1 | 10 | 295 |
| 实施科技成果转化取得的收入（万元） | — | 2667 | 541 | 3622 | 2985 | 4258 |

资料来源：《吉林科技统计年鉴》。

## （五）合作交流环境

2022 年吉林省省级部门属科研机构 R&D 经费外部支出为 28 万元（见表 16）。

表 16　省级部门属科研机构合作交流环境（2017～2022 年）

| 年份 | 2017 | 2018 | 2019 | 2020 | 2021 | 2022 |
|---|---|---|---|---|---|---|
| R&D 经费内部支出中的国外资金（万元） | 4 | 29 | 31 | 0 | 0 | 0 |
| 对境内科研单位 R&D 经费外部支出（万元） | 0 | 0 | 0 | 0 | 0 | 0 |
| 对境内高等院校 R&D 经费外部支出（万元） | 0 | 0 | 0 | 0 | 0 | 13 |
| 对境内企业 R&D 经费外部支出（万元） | 40 | 0 | 0 | 0 | 0 | 15 |
| 对境外单位 R&D 经费外部支出（万元） | 0 | 0 | 0 | 0 | 0 | 0 |
| 对境内其他单位 R&D 经费外部支出（万元） | — | — | 0 | 0 | 0 | 0 |

资料来源：《吉林科技统计年鉴》。

# 五　农业类科研机构创新能力状况

本报告中农业类科研机构，是指在国民经济行业中为农、林、牧、渔业服务的科研机构。吉林省是农业大省，农业类科研机构主要分布在地方部门，近些年在科技领域为加快吉林省农业农村现代化，促进吉林省农业全面振兴，以及推动区域经济发展方面作出了突出贡献。

## （一）科技创新资源

截至 2022 年，吉林省农业类科研机构共有 30 个，其中，中央部门属

1 个，省级部门属 7 个，市级部门属 19 个，县级部门属 3 个；科技活动人员总数为 2842 人，比上年增加 4 人，硕博士学历人员占比 41.63%，比上年提高了 0.72 个百分点；科技活动收入为 91258 万元，比上年增加 13049 万元，其中，政府资金收入占比为 90.15%，技术性收入占比为 9.76%，分别比上年提高了 3.42 个和 0.85 个百分点（见表 17）。

表 17　农业类科研机构科技创新资源（2017~2022 年）

| 年份 | 2017 | 2018 | 2019 | 2020 | 2021 | 2022 |
|---|---|---|---|---|---|---|
| 科技活动人员总数（人） | 2915 | 3042 | 2875 | 2888 | 2838 | 2842 |
| 硕博士学历人员占比（%） | 35.88 | 36.79 | 40.24 | 38.92 | 40.91 | 41.63 |
| 中高级职称人员占比（%） | 68.06 | 66.07 | 69.91 | 67.83 | 67.86 | 68.54 |
| 科技活动收入（万元） | 87460 | 87989 | 90314 | 87951 | 78209 | 91258 |
| 政府资金收入占比（%） | 92.77 | 93.75 | 92.68 | 91.55 | 86.73 | 90.15 |
| 技术性收入占比（%） | 6.86 | 5.57 | 6.57 | 8.18 | 8.91 | 9.76 |
| 仪器设备费（万元） | 11079 | 9039 | 5450 | 9704 | 3945 | 6020 |

资料来源：《吉林科技统计年鉴》。

## （二）研发活动情况

截至 2022 年，吉林省农业类科研机构 R&D 人员折合全时当量为 1596 人年，比上年减少 70 人年，其中 R&D 研究人员占 R&D 人员比重为 58.08%，比上年提高了 6.04 个百分点；R&D 经费内部支出为 55190 万元，比上年略有增加，增加了 6098 万元；农业类科研机构在试验发展方面的支出相对更高些，近年来也开始重视基础研究和应用研究投入，2022 年 R&D 经费内部支出中，基础研究和应用研究支出占比分别为 12.11% 和 21.93%，分别比上年提高了 3.48 个和 1.73 个百分点，试验发展支出占比为 65.96%，比上年下降了 5.21 个百分点（见表 18）。农业类科研机构的 R&D 活动主要集中在省级部门属科研机构里，机构数占比为 23.33%，其 R&D 经费内部支出占 R&D 经费总内部支出的比例高达 65.83%。

表 18　农业类科研机构研发活动情况（2017~2022 年）

| 年份 | 2017 | 2018 | 2019 | 2020 | 2021 | 2022 |
|---|---|---|---|---|---|---|
| R&D 人员折合全时当量（人年） | 1639 | 1880 | 1844 | 1821 | 1666 | 1596 |
| R&D 研究人员全时当量（人年） | 955 | 879 | 874 | 877 | 867 | 927 |
| R&D 研究人员占 R&D 人员比重（%） | 58.27 | 46.76 | 47.40 | 48.16 | 52.04 | 58.08 |
| R&D 课题支出占全部课题支出比重（%） | 67.97 | 67.01 | 58.66 | 56.38 | 64.42 | 66.68 |
| R&D 经费内部支出（万元） | 53095 | 53803 | 52351 | 55774 | 49092 | 55190 |
| 基础研究在 R&D 经费内部支出中占比（%） | 8.38 | 12.43 | 14.84 | 13.70 | 8.63 | 12.11 |
| 应用研究在 R&D 经费内部支出中占比（%） | 30.64 | 18.88 | 27.56 | 21.55 | 20.20 | 21.93 |
| 试验发展在 R&D 经费内部支出中占比（%） | 60.98 | 68.69 | 57.60 | 64.74 | 71.17 | 65.96 |
| R&D 经费外部支出（万元） | 0 | 48 | 23 | 0 | 0 | 35 |

资料来源：《吉林科技统计年鉴》。

## （三）科技创新产出

截至 2022 年，吉林省农业类科研机构共发表论文 774 篇，比上年减少 124 篇，其中，国外发表论文占比为 21.58%，占比较上年提高了 3.99 个百分点；专利申请受理数 191 件，比上年增加 3 件，其中，发明专利申请占比为 74.87%，比上年提高了 1.47 个百分点，专利授权数 160 件，比上年减少 22 件，发明专利授权占比为 81.25%，比上年提高了 16.96 个百分点；截至 2022 年有效发明专利拥有量为 701 件，科技活动人员千人拥有有效发明专利数 246.66 件，比上年增加了 7.41 件；形成国家或行业标准数为 14 项，比上年减少 13 项（见表 19）。

表 19　农业类科研机构科技创新产出（2017~2022 年）

| 年份 | 2017 | 2018 | 2019 | 2020 | 2021 | 2022 |
|---|---|---|---|---|---|---|
| 发表论文篇数（篇） | 824 | 833 | 896 | 951 | 898 | 774 |
| 国外发表论文占比（%） | 9.34 | 13.45 | 12.95 | 14.83 | 17.59 | 21.58 |
| 专利申请受理数（件） | 181 | 181 | 174 | 202 | 188 | 191 |
| 专利授权数（件） | 120 | 104 | 91 | 159 | 182 | 160 |
| 发明专利申请占比（%） | 47.51 | 66.85 | 76.44 | 64.85 | 73.40 | 74.87 |

| 年份 | 2017 | 2018 | 2019 | 2020 | 2021 | 2022 |
|---|---|---|---|---|---|---|
| 发明专利授占比（%） | 34.17 | 57.69 | 62.64 | 64.15 | 64.29 | 81.25 |
| 有效发明专利拥有量（件） | 399 | 457 | 456 | 562 | 679 | 701 |
| 科技活动人员千人拥有有效发明专利数（件） | 136.88 | 150.23 | 158.61 | 194.60 | 239.25 | 246.66 |
| 形成国家或行业标准数（项） | 19 | 20 | 16 | 15 | 27 | 14 |

资料来源：《吉林科技统计年鉴》。

## （四）经济社会价值

截至 2022 年，吉林省农业类科研机构实施科技成果转化取得的收入为 5402 万元，和上年相比增幅较大，比上年增加 2010 万元，增长 59.26%（见表 20）。

**表 20 农业类科研机构经济社会价值（2017~2022 年）**

| 年份 | 2017 | 2018 | 2019 | 2020 | 2021 | 2022 |
|---|---|---|---|---|---|---|
| 从业人员总数（人） | 3775 | 3772 | 3625 | 3553 | 3470 | 3380 |
| 专利所有权转让及许可数（件） | 13 | 0 | 0 | 0 | 9 | 19 |
| 专利所有权转让及许可收入（万元） | 70 | 0 | 0 | 0 | 14 | 285 |
| 实施科技成果转化取得的收入（万元） | － | 2483 | 37883 | 3695 | 3392 | 5402 |

资料来源：《吉林科技统计年鉴》。

## （五）合作交流环境

2022 年吉林省农业类科研机构对外合作交流支出 35 万元（见表 21）。

**表 21 农业类科研机构合作交流环境（2017~2022 年）**

| 年份 | 2017 | 2018 | 2019 | 2020 | 2021 | 2022 |
|---|---|---|---|---|---|---|
| R&D 经费内部支出中的国外资金（万元） | 4 | 36 | 47 | 0 | 0 | 0 |
| 对境内科研单位 R&D 经费外部支出（万元） | 0 | 0 | 0 | 0 | 0 | 0 |
| 对境内高等院校 R&D 经费外部支出（万元） | 0 | 18 | 3 | 0 | 0 | 0 |

续表

| 年份 | 2017 | 2018 | 2019 | 2020 | 2021 | 2022 |
|---|---|---|---|---|---|---|
| 对境内企业 R&D 经费外部支出（万元） | 0 | 30 | 20 | 0 | 0 | 5 |
| 对境外单位 R&D 经费外部支出（万元） | 0 | 0 | 0 | 0 | 0 | 0 |
| 对境内其他单位 R&D 经费外部支出（万元） | — | — | 0 | 0 | 0 | 30 |

资料来源：《吉林科技统计年鉴》。

## 六　与创新联系较为密切的科研机构创新能力状况

**【数据范围：R&D 经费 500 万元以上的科研机构】**

开展 R&D 活动是科研机构创新能力的重要表现形式，本部分以吉林省科研机构有无开展 R&D 活动为主要衡量指标，对该项活动经费达到 500 万元以上的科研机构进行监测。

本部分具体以 2022 年科技部全国科学研究和技术服务业非企业单位科技活动统计调查数据为基础，从科研机构的科技资源投入、R&D 活动情况及科技成果产出方面，监测分析吉林省科研机构创新活动活跃情况，以及这部分科研机构的产学研合作、科技成果转化及创新人才培养和流动等方面的状况。

### （一）总体情况

2022 年，吉林省科研机构 R&D 经费达到 500 万元以上的科研机构共有 31 个，比上年增加 3 个，占有开展 R&D 活动科研机构总数的 62%。这 31 个机构分布在长春、吉林、白城和延边四个地区，分别为 23 个、4 个、2 个、2 个（见表 22）；按隶属部门分，中央部门属机构 5 个、省级部门属机构 20 个，市级部门属机构 6 个（见表 23）；上述机构服务于农林牧渔业的有 12 个，服务于科学研究和技术服务业的有 11 个，服务于制造业，交通运输业，水利、环境和公共设施管理业与卫生和社会工作行业的有 8 个（见表 24）。

表 22　按地区分

| 地区 | 机构数（个） | 从业人员总数（人） | 经费收入（万元） | 经费支出（万元） |
|---|---|---|---|---|
| 长春 | 23 | 7772 | 666564 | 615871 |
| 吉林 | 4 | 730 | 19819 | 19893 |
| 白城 | 2 | 195 | 4476 | 4789 |
| 延边 | 2 | 146 | 3219 | 3213 |
| 总计 | 31 | 8843 | 694078 | 643766 |

资料来源：《吉林科技统计年鉴》。

表 23　按隶属关系分

| 隶属部门 | 机构数（个） | 从业人员总数（人） | 经费收入（万元） | 经费支出（万元） |
|---|---|---|---|---|
| 中央部门属 | 5 | 4659 | 547120 | 496540 |
| 省级部门属 | 20 | 3467 | 130412 | 131205 |
| 市级部门属 | 6 | 717 | 16546 | 16021 |
| 总计 | 31 | 8843 | 694078 | 643766 |

资料来源：《吉林科技统计年鉴》。

表 24　按服务的行业分

| 服务行业 | 机构数（个） | 从业人员数（人） | 经费收入（万元） | 经费支出（万元） |
|---|---|---|---|---|
| 农林牧渔业 | 12 | 2626 | 83582 | 83208 |
| 制造业 | 2 | 222 | 8058 | 7386 |
| 交通运输业 | 1 | 121 | 6403 | 6396 |
| 科学研究和技术服务业 | 11 | 4985 | 560336 | 510649 |
| 水利、环境和公共设施管理业 | 2 | 95 | 3296 | 2729 |
| 卫生和社会工作 | 3 | 794 | 32404 | 33399 |
| 总计 | 31 | 8843 | 694079 | 643767 |

资料来源：《吉林科技统计年鉴》。

## （二）科技资源投入

2022 年，这 31 家科研机构共拥有科技活动人员 7591 人，科技活动收入 659590 万元，仪器设备费 57638 万元，分别占全省科研机构的 71.49%、

89.27%和96.49%（见表25）。

表25　科技资源投入概况

| 隶属部门 | 中央部门属 | 省级部门属 | 市级部门属 | 总计 |
|---|---|---|---|---|
| 科技活动人员（人） | 4289 | 2758 | 544 | 7591 |
| 硕博士学历人员占比（%） | 61.41 | 48.30 | 33.64 | 54.66 |
| 中高级职称人员占比（%） | 66.26 | 69.22 | 75.55 | 68.00 |
| 科技活动收入（万元） | 546032 | 99670 | 13888 | 659590 |
| 政府资金占比（%） | 83.48 | 91.95 | 100.00 | 85.11 |
| 技术性收入占比（%） | 5.14 | 7.93 | 0.00 | 5.45 |
| 仪器设备费（万元） | 41976 | 15387 | 274 | 57638 |

资料来源：《吉林科技统计年鉴》。

表26　科技资源投入按地区分

| 地区 | 科技活动人员（人） | 科技活动收入（万元） | 仪器设备费（万元） |
|---|---|---|---|
| 长春 | 6689 | 634089 | 56291 |
| 吉林 | 628 | 19535 | 937 |
| 白城 | 134 | 3115 | 359 |
| 延边 | 140 | 2851 | 51 |
| 总计 | 7591 | 659590 | 57638 |

资料来源：《吉林科技统计年鉴》。

表27　科技资源投入按服务的行业分

| 服务行业 | 科技活动人员（人） | 科技活动收入（万元） | 仪器设备费（万元） |
|---|---|---|---|
| 农林牧渔业 | 2179 | 78782 | 5837 |
| 制造业 | 192 | 7847 | 1107 |
| 交通运输业 | 70 | 2367 | 338 |
| 科学研究和技术服务业 | 4582 | 553741 | 43686 |
| 水利、环境和公共设施管理业 | 80 | 2707 | 178 |
| 卫生和社会工作 | 488 | 14146 | 6492 |
| 总计 | 7591 | 659590 | 57638 |

资料来源：《吉林科技统计年鉴》。

## （三）R&D 活动情况

2022 年，这 31 家科研机构开展 R&D 活动经费内部支出为 566944 万元，占全省科研机构 R&D 经费内部支出的 99.21%；R&D 人员折合全时当量为 7935 人年，占全省科研机构 R&D 人员折合全时当量的 96.43%（见表 28）。

表 28  R&D 活动概况

| 隶属部门 | 中央部门属 | 省级部门属 | 市级部门属 | 总计 |
|---|---|---|---|---|
| R&D 人员折合全时当量（人年） | 5688 | 1876 | 371 | 7935 |
| R&D 经费内部支出（万元） | 486343 | 70746 | 9855 | 566944 |
| 基础研究在 R&D 经费内部支出中占比（%） | 22.68 | 16.14 | 16.44 | 21.76 |
| 应用研究在 R&D 经费内部支出中占比（%） | 20.66 | 37.37 | 1.84 | 22.42 |
| 试验发展在 R&D 经费内部支出中占比（%） | 56.66 | 46.49 | 81.72 | 55.83 |
| R&D 经费外部支出（万元） | 732 | 28 | 5 | 765 |
| 科技课题数（个） | 2947 | 890 | 135 | 3972 |
| R&D 课题数（个） | 2831 | 684 | 88 | 3603 |

资料来源：《吉林科技统计年鉴》。

表 29  R&D 活动按地区分

| 地区 | R&D 人员折合全时当量（人年） | R&D 经费内部支出（万元） | R&D 经费外部支出（万元） | R&D 课题数（个） |
|---|---|---|---|---|
| 长春 | 7365 | 550676 | 765 | 3466 |
| 吉林 | 409 | 12409 | 0 | 92 |
| 白城 | 60 | 1605 | 0 | 11 |
| 延边 | 101 | 2254 | 0 | 34 |
| 总计 | 7935 | 566944 | 765 | 3603 |

资料来源：《吉林科技统计年鉴》。

表 30　R&D 活动按服务的行业分

| 服务行业 | R&D 人员折合全时当量（人年） | R&D 经费内部支出（万元） | R&D 经费外部支出（万元） | R&D 课题数（个） |
|---|---|---|---|---|
| 农林牧渔业 | 1453 | 52914 | 5 | 516 |
| 制造业 | 125 | 4931 | 0 | 13 |
| 交通运输业 | 48 | 2328 | 0 | 10 |
| 科学研究和技术服务业 | 5885 | 491394 | 760 | 2872 |
| 水利、环境和公共设施管理业 | 71 | 2170 | 0 | 29 |
| 卫生和社会工作 | 353 | 13207 | 0 | 163 |
| 总计 | 7935 | 566944 | 765 | 3603 |

资料来源：《吉林科技统计年鉴》。

## （四）科技成果产出

2022 年，这 31 家科研机构发表论文 3792 篇，其中，国外发表论文占比为 67.99%；专利申请受理数为 1428 件，发明专利申请占比为 92.44%，专利授权数为 992 件，发明专利授权占比为 87.20%；截至 2022 年为有效发明专利拥有量为 4961 件；形成国家或行业标准数量为 14 项（见表 31）。

表 31　科技成果产出概况

| 隶属部门 | 中央部门属 | 省级部门属 | 市级部门属 | 总计 |
|---|---|---|---|---|
| 发表论文数（篇） | 2917 | 816 | 59 | 3792 |
| 国外发表论文占比（%） | 83.85 | 16.18 | 0.00 | 67.99 |
| 专利申请受理数（件） | 1239 | 174 | 15 | 1428 |
| 发明专利申请占比（%） | 95.80 | 72.99 | 40.00 | 92.44 |
| 专利授权数（件） | 827 | 154 | 11 | 992 |
| 发明专利授权占比（%） | 90.57 | 74.03 | 18.18 | 87.20 |
| 有效发明专利拥有量（件） | 4543 | 378 | 40 | 4961 |
| 形成国家或行业标准数（项） | 4 | 10 | 0 | 14 |

资料来源：《吉林科技统计年鉴》。

表 32 科技成果产出按地区分

| 地区 | 发表论文数（篇） | 专利申请受理数（件） | 发明专利申请数（件） | 专利授权数（件） | 发明专利授权数（件） | 有效发明专利拥有量（件） | 形成国家或行业标准数（项） |
|---|---|---|---|---|---|---|---|
| 长春 | 3491 | 1367 | 1276 | 935 | 828 | 4448 | 11 |
| 吉林 | 230 | 48 | 40 | 47 | 36 | 486 | 3 |
| 白城 | 49 | 0 | 0 | 0 | 0 | 3 | 0 |
| 延边 | 22 | 13 | 4 | 10 | 1 | 24 | 0 |
| 总计 | 3792 | 1428 | 1320 | 992 | 865 | 4961 | 14 |

资料来源：《吉林科技统计年鉴》。

表 33 科技成果产出按服务的行业分

| 服务行业 | 发表科技论文数（篇） | 专利申请受理数（件） | 发明专利申请受理数（件） | 专利授权数（件） | 发明专利授权数（件） | 有效发明专利拥有量（件） | 形成国家或行业标准数（项） |
|---|---|---|---|---|---|---|---|
| 农林牧渔业 | 680 | 183 | 142 | 156 | 128 | 693 | 7 |
| 制造业 | 26 | 11 | 5 | 13 | 3 | 7 | 0 |
| 交通运输业 | 26 | 8 | 8 | 0 | 0 | 30 | 3 |
| 科学研究和技术服务业 | 2952 | 1222 | 1161 | 821 | 732 | 4145 | 4 |
| 水利、环境和公共设施管理业 | 9 | 1 | 1 | 0 | 0 | 0 | 0 |
| 卫生和社会工作 | 99 | 3 | 3 | 2 | 2 | 86 | 0 |
| 总计 | 3792 | 1428 | 1320 | 992 | 865 | 4961 | 14 |

资料来源：《吉林科技统计年鉴》。

# 七 科研机构创新活动特点

## （一）创新活动及资源主要集中在中央部门属单位

2022 年，中央部门属科研机构以占全省科研机构 9.01% 的数量，集聚了 42.21% 的科技活动人员和 66.25% 的 R&D 人员，R&D 经费内部支出全省科研机构 R&D 经费内部支出的 85.11%；拥有全省 85.47% 的专利申请受理数，82.30% 的专利授权数，以及 91.57% 的有效发明专利拥有量；拥有全省 58.82% 的专利所有权转让及许可数和 81.73% 的专利所有权转让及许可收入。

## （二） 创新活动地域之间发展差异显著

吉林省科研机构的创新活动地域性差异显著，大部分创新资源集中在省会长春。

2022 年，全省 9 个市（州）中，有开展 R&D 活动的机构分布在 6 个地区，但是，除了长春、吉林地区的科研机构 R&D 经费内部支出超出亿元，其他地区的 R&D 经费内部支出都不高。其中，R&D 经费内部支出超过亿元的 5 个研究所都在长春，其 R&D 经费内部支出总计在 518095 万元，占全省科研机构 R&D 经费内部支出的 90.66%，所以长春地区科研机构的 R&D 经费内部支出达到了 552335 万元，占全省科研机构 R&D 经费内部支出总量的 96.65%。长春地区创新活动尤为活跃，吉林省其他地区的创新活动明显不如长春，这导致吉林省科研机构的创新活动地域分布不均、发展差异显著。

## （三） 协同创新交流合作较少

从机构统计年报数据来看，吉林省科研机构的课题合作形式基本上都是独立完成，与其他科研机构、高等院校、企业之间的交流合作很少。2022 年吉林省科研机构 R&D 经费内部支出中来自企业的资金为 104005 万元，国外资金为 316 万元，两项支出合计仅占全省科研机构 R&D 经费内部支出的 18.25%。另外，作为衡量本单位与外单位合作开展 R&D 活动情况的一个指标——"R&D 经费外部支出"，在 2022 年全省科研机构 R&D 经费外部支出仅为 795 万元，其中包括对境内高等院校的 R&D 经费外部支出 13 万元，对境内企业 R&D 经费外部支出 752 万元，对境内其他单位 R&D 经费外部支出 30 万元，由此可见吉林省科研机构的协同创新、合作交流活动比较少。

## 八 推动吉林省科研机构创新活动发展的几点建议

### （一）不断加强学习，增强创新意识

创新是指在人类物质文明、精神文明等一切领域淘汰落后的思想、事物，创造先进的、有价值的思想和事物的活动过程。

而创新意识是人们对创新与创新的价值性、重要性的一种认识水平、认识程度以及由此形成的对待创新的态度，并以这种态度来规范和调整自己的活动方向的一种稳定的精神态势①。创新意识的形成能够促成人才素质结构的变化，激发人创造的主动性。

增强科研机构科技活动人员的科技创新意识，对提高科技创新水平，开拓创新发展空间，进而实现创新活动高质量跨越发展具有重要意义。

### （二）以人为本，激发科研人员的积极性创造性

科技创新力的根本源泉是人，制定相关人才激励政策，培养具有高水平的战略科技人才、科技领军人才和创新团队，防止人才流失，是吉林省科研机构创新发展目前亟待解决的问题，只有充分激发科研人员的创造性，制定可实现的奖惩机制，给予创新领军人才更大技术路线决定权和经费使用权，尊重广大科技人才的创新创造精神，激发创新创造活力，才能留住人才，使其参与创新活动成为自觉性行为，从而推动吉林省科研机构创新活动的发展。

### （三）采取切实举措，促进各市（州）创新活动均衡发展

由于吉林省科研机构创新活动的地域差异性，长春地区拥有全省大部分的创新资源，为了更好地促进吉林省创新事业的发展，长春应以大带小、以强带弱，充分发挥领头羊的作用，带动其他地区科研机构共同开展创新活动，发挥每个地区科研机构的领域特色，加强各方面的合作，挖掘

---

① 刘春学：《创新意识及其社会培育》，东北师范大学硕士学位论文，2002。

出各个地区科研机构的最大创新潜能，从而共同提高吉林省科研机构的创新水平。

另外，从政府层面可以通过鼓励先进，鞭策落后，把 R&D 经费投入强度、投入水平和落实创新激励政策的成效等作为对市（州）经济社会发展工作的重要考核内容，加强监督力度，落实各级政府和部门的责任，努力实现各市（州）创新活动均衡发展。

### （四）发挥自身优势，搭建协同创新平台

"协同创新"是指创新资源和要素有效汇聚，通过打破创新主体间的壁垒，充分释放彼此间"人才、资本、信息、技术"等创新要素活力而实现深度合作①。协同创新是各个创新主体要素内实现创新互惠，知识的共享，资源优化配置，行动最优同步、高水平的系统匹配度。而协同创新的有效执行关键在于协同创新平台的搭建，搭建协同创新平台，有助于科研机构发挥自身科研领域强项，融合科研领域弱项，开发融合多领域的科技创新成果。

合作发展是大趋势，不能闭门造车，鼓励研究机构"走出去"，向先进省市或地区学习创新发展经验，找出适合共同开发的领域，发挥各自优势，进一步提升自主创新能力；可以以政府部门为桥梁，搭建创新主体之间的合作平台，发挥各自优势推动吉林省科技创新事业的发展；支持中国科学院属院所与地方院所合作，建立良好的沟通渠道，在项目申请、成果推广等不同方面密切合作；鼓励央企在吉林省设立研究院、研发中心等新型研发机构；积极吸引跨国公司研发总部或区域性研发中心落户吉林省，共同或独立设立实验室、研发中心、技术检测中心等研发机构，开展产业共性技术、关键核心技术攻关②，以此促进创新成果借助研究机构平台在吉林省落地开花结果。

---

① 李尧华、段鑫星：《不同地区支持对提升高校科研创新全要素生产率的影响研究》，《中国高校科技》2024 年第 6 期，第 82~88 页。

② 柴瑜：《重庆市公益类科研院所技术创新能力评价研究》，重庆大学硕士学位论文，2012。

# Monitoring and Analysis Report on Innovation Capability of Scientific Research Institutions in Jilin Province

*Zhang Ke    Zong Ling    Wang Guihua*

**Abstract**: scientific and technological innovation resources, research and development activities, scientific and technological innovation output, economic and social value, and innovation cooperation and exchange. It comprehensively monitors the innovation capability of scientific research institutions in Jilin Province, provides data support for government departments in the reform of scientific research institutions and the formulation of science and technology policies in Jilin Province, provides a window and platform for the public to understand the innovative development status of scientific research institutions in Jilin Province, and provides a detailed monitoring and analysis research report for further promoting the comprehensive revitalization of Jilin Province and building an innovative province.

**Keywords**: Research Institutions; Innovation Capabilities; R&D Activities; Innovation Cutputs

# 吉林省科研机构创新能力评价分析报告

刘竞妍　单　艺　扈　杨　井丽巍　王桂华<sup>*</sup>

**摘　要：** 科研机构作为三大创新主体之一，对吉林省科技创新发展具有重要作用。本报告首先分析吉林省各地区科研机构的发展现状，通过构建科研机构创新能力评价指标体系，对吉林省各地区科研机构的创新能力进行评价，发现各地区科研机构在发展中存在的问题，并提出相应的对策建议。

**关键词：** 科研机构；创新能力；吉林省

## 一　2022 年吉林省科研机构发展现状

2022 年，吉林省科学研究和技术服务业非企业单位（以下简称"科研机构"）共有 111 家，R&D 人员 9833 人，较上年减少 4.2%；R&D 经费支出①57.1 亿元，占全省 R&D 经费总投入的 30.5%，在规模以上工业企业、高等院校和科研机构三大创新主体中，吉林省科研机构 R&D 经费投入居第 2 位；有效发明专利拥有量为 5005 件，较上年增长 3.9%，专利所有权转让及许可收入 1615 万元，较上年减少 89.7%。

---

\* 刘竞妍，吉林省科学技术信息研究所，助理研究员，主要研究方向为科技统计分析；单艺，吉林省科学技术信息研究所，助理研究员，主要研究方向为科技统计分析；扈杨，吉林省科学技术信息研究所，研究实习员，主要研究方向为科技统计分析；通讯作者：井丽巍，吉林省科学技术信息研究所，研究员，主要研究方向为科技统计分析；王桂华，吉林省科学技术信息研究所，研究员，主要研究方向为科技统计分析。
① 本报告中的经费支出指经费内部支出。

## （一）科技创新投入情况

### 1. 科技创新人力投入

2022 年，吉林省科研机构 R&D 人员 9833 人中，高层次研究人员数量出现下滑，其中，博士学历 2907 人，较上年减少 205 人，减少了 6.6%；硕士学历 2958 人，较上年减少 30 人，减少了 1%；本科学历 3006 人，较上年增长 316 人，增长了 11.7%。

按照 R&D 人员实际从事 R&D 活动的时间看，吉林省 R&D 人员折合全时当量 8229 人年，较上年增长 113 人年，增长了 1.4%，主要是由于中央部门属科研机构 R&D 人员从事 R&D 活动的时间投入有所增加，中央部门属科研机构的 R&D 人员折合全时当量为 5688 人年，较上年增长 174 人年，增长了 3.2%。此外从开展 R&D 活动情况看，基础研究人员投入 2695 人年，较上年增长 18.5%，应用研究人员投入 2250 人年，基本与上年持平，试验发展人员投入 3022 人年，较上年减少了 11.2%。

按照 R&D 人员地区分布看，吉林省 R&D 人员主要集中在长春市和吉林市。2022 年，长春市 67 家科研机构（数量占全省科研机构总量的 60.36%）拥有 R&D 人员 8804 人，占全社会 R&D 人员总量的比重为 89.54%，吉林市拥有 R&D 人员 534 人，占全社会 R&D 人员总量的比重为 5.43%，白城市、延边州、通化市和白山市科研机构拥有 R&D 人员占比分别为 1.74%、1.47%、1.30% 和 0.52%，四平市、辽源市和松原市的科研机构没有开展 R&D 活动。

### 2. 科技创新财力投入

2022 年，吉林省科研机构 R&D 经费支出 57.1 亿元，较上年下降约 0.8 亿元，同比下降 1.4%。主要受中央部门属科研机构研发经费下降影响，2022 年，中央部门属科研机构 R&D 经费支出 48.6 亿元，较上年约下降 1.1 亿元，同比下降 2.2%，其中，中国科学院长春光学精密机械与物理研究所（以下简称"中科院光机所"）R&D 经费支出下降 1.1 亿元；地方部门属科研机构比上年增加 0.3 亿元，同比增长 3.7%。

按照活动类型看，2022 年，在全省科研机构 57.1 亿元的 R&D 经费支出中，基础研究 R&D 经费支出 12.3 亿元、应用研究 R&D 经费支出 12.9 亿元、试验发展 R&D 经费支出 31.9 亿元，占比分别为 21.6%、22.6%、55.9%。

按照 R&D 经费支出地区分布看，吉林省科研机构的 R&D 经费支出主要来源于长春市，占比高达 96.7%，吉林市占比 2.2%，其他 7 个地区的 R&D 经费支出占比合计仅为 1.1%。另外，从 R&D 经费支出中的政府资金看：白城市占比最高，为 100%，其次是通化市，占比为 99.2%，白山市和延边州占比分别为 93.6% 和 93.8%，长春市和吉林市占比低于 90%，分别为 80.0% 和 87.2%。

## （二）科技创新产出情况

2022 年，吉林省科研机构专利申请受理数为 1466 件、专利授权数为 1017 件，其中发明专利申请为 1330 件、发明专利授权为 874 件，所占比例分别为 90.72% 和 85.94%，占比分别比上年增长 3.6 个和 4.1 个百分点。说明吉林省科研机构科技意识增强和产出质量提高。

2022 年，吉林省科研机构有效发明专利拥有量为 5005 件，较上年增长 187 件；发表论文 4080 篇，其中国外发表论文占比为 63.24%，较上年增长 6.4 个百分点。

分地区来看，在吉林省科研机构拥有的 1017 件授权专利中，长春市 955 件、吉林市 49 件、延边州 10 件、通化市 2 件、白山市 1 件。其中，发明专利授权占比，长春市为 87.2%、吉林市为 77.6%、延边州为 10%、通化市为 100%。

## （三）科技成果转化情况

专利所有权转让是科研机构转化科技成果的重要途径，2022 年吉林省科研机构专利所有权转让及许可共计 51 件，获得收入 1615 万元，比上年减少 14101 万元，减少了 89.7%。其中，中科院光机所减少了 9782 万元，中科院应化所减少 4610 万元，两家单位共计减少 14392 万元。

2022 年，吉林省科研机构实施科技成果转化取得的收入为 7573 万元，较上年减少了约 12.6 亿元，减少了约 94.3%。实施科技成果转化取得的收入的减少主要来自中科院光机所，2022 年，中科院光机所科技成果转化收入较上年减少了约 12.3 亿元。

分地区来看，2022 年，吉林省科研机构专利所有权转让收入 1615 万元中，长春市为 1601 万元，占比高达 99.1%，吉林市和通化市的专利所有权转让收入分别为 6 万元和 8 万元；吉林省科技成果转化收入 7573 万元中，长春市为 7094 万元，占比为 93.7%，吉林市、通化市和延边州科技成果转化收入分别为 251 万元、200 万元和 28 万元。

### （四）对外科技合作情况

R&D 经费支出中来自企业资金和企业委托课题这两个指标能够间接反映吉林省科研机构对外合作情况。2022 年，吉林省 R&D 经费支出中来自企业资金 10.4 亿元，较上年增长 6.6 亿元，同比增长 174%，其中，中科院光机所增长 5.8 亿元；2022 年，吉林省科研机构承担企业委托课题 701 个，占全部课题比重为 16.8%，较上年增长 7.7 个百分点，吉林省科研机构与企业间的合作逐渐紧密。

分地区来看，长春市、吉林市和延边州科研机构的 R&D 经费中的企业资金占比分别为 18.5%、12.8% 和 6.1%；吉林市科研机构的企业委托课题占比最高，为 24.0%，其次是长春市，占比为 17.0%，延边州和通化市占比分别为 8.3% 和 6.5%。

## 二 吉林省科研机构创新能力评价方法研究

### （一）科研机构创新能力评价指标体系

基于国内外现有文献研究成果，结合吉林省科研机构创新发展现状，并遵循指标数据的公开性、可获得性、可对比性以及能够体现地方科研机构创新发展特色的原则，本报告从创新投入、创新产出、成果转化和对外合作 4 个一级指标和科研机构数、科研机构 R&D 人员占全社会 R&D 人员比重等 19 个二级指标，构建吉林省科研机构创新评价指标体系，具体如表 1 所示。

表 1　吉林省科研机构创新评价指标体系

| 一级指标 | 二级指标 |
|---|---|
| 创新投入 | 科研机构数（个） |
| | 科研机构 R&D 人员占全社会 R&D 人员比重（%） |
| | 科研机构 R&D 人员中博硕毕业生比重（%） |
| | R&D 经费支出占全社会 R&D 经费支出比重（%） |
| | 基础研究经费支出占全社会基础研究经费支出比重（%） |
| | 试验发展经费支出占全社会试验发展经费支出比重（%） |
| | R&D 经费支出中政府资金比重（%） |
| 创新产出 | 千名 R&D 人员拥有有效发明专利数（件） |
| | 千名从业人员专利授权数（件） |
| | 千名从业人员形成国家或行业标准数（项） |
| | 千名从业人员发表科技论文数（篇） |
| | 国外发表论文占科技论文比重（%） |
| 成果转化 | 专利所有权转让及许可数（件） |
| | 专利所有权转让及许可收入（万元） |
| | 成果转化与扩散的专职人员数占从业人员比重（%） |
| | 科技成果转化收入占机构收入比重（%） |
| 对外合作 | 企业委托科研课题占比（%） |
| | R&D 经费支出中企业资金比重（%） |
| | 与外单位合办的科技创新平台数（个） |

资料来源：作者根据相关网站整理自制。

具体指标解释如下：

1. 科研机构数

指地区拥有的科学研究和技术服务业非企业单位的数量。

2. 科研机构 R&D 人员占全社会 R&D 人员比重

指地区科研机构的 R&D 人员与地区全社会 R&D 人员的比重。反映了地区科研机构的研发人员投入对于该地区研发人员投入的贡献。

3. 科研机构 R&D 人员中博硕毕业生比重

指地区科研机构从事 R&D 活动的人员中，博士毕业和硕士毕业人员之和所占的比重。反映了地区科研机构拥有高层次人才的比例。

4. R&D 经费支出占全社会 R&D 经费支出比重

指地区科研机构的 R&D 经费与地区全社会 R&D 经费的比重。反映了地区科研机构的研发经费投入对于该地区研发经费投入的贡献。

5. 基础研究经费支出占全社会基础研究经费支出比重

指地区科研机构的基础研究经费支出与地区全社会基础研究经费支出的比重。反映了科研机构基础研究投入在地区基础研究投入中的位置。

6. 试验发展经费支出占全社会试验发展经费支出比重

指地区科研机构的试验发展经费支出与地区全社会试验发展经费支出的比重。反映了科研机构试验发展投入在地区试验发展投入中的位置。

7. R&D 经费支出中政府资金比重

指由各级政府部门直接拨款或企事业单位利用政府资金委托科研机构从事 R&D 活动的收入之和，在科研机构 R&D 经费支出中的占比。

8. 千名 R&D 人员拥有有效发明专利数

指科研机构每千名 R&D 人员中作为专利权人拥有的、经国内知识产权管理部门收入且在有效期内的发明专利件数。是反映科研机构科技活动质量的重要指标。

9. 千名从业人员专利授权数

指科研机构每千名从业人员获得的发明专利授权数，该指标是用来衡量科研机构成果产出的指标。

10. 千名从业人员形成国家或行业标准数

指科研机构每千名从业人员在自主研发或自主知识产权基础上形成的国家或行业标准数。

11. 千名从业人员发表科技论文数

指科研机构每千名从业人员在全国性学报或学术刊物上、省部属大专院校对外正式发行的学报或学术刊物上发表的论文数，包括向国外发表的论文。

12. 国外发表论文占科技论文比重

指地区科研机构从业人员在国外发表的科技论文数占全部科技论文数的比重。是反映科技论文质量的指标。

13. 专利所有权转让及许可数

指地区科研机构向外单位转让专利所有权或允许专利技术由被许可单位使用的件数。

14. 专利所有权转让及许可收入

指地区科研机构向外单位转让专利所有权或允许专利技术由被许可单位使用而得到的收入。

15. 成果转化与扩散的专职人员数占从业人员比重

指科研机构从业人员中专门从事成果转化与扩散的人数占比。

16. 科技成果转化收入占机构收入比重

指科研机构科技成果转化取得的收入占科研机构收入总额的比重。

17. 企业委托科研课题占比

指地区科研机构承担的科研课题中，各类生产企业委托的课题数占比。是反映科研机构与企业合作的密切程度的指标。

18. R&D 经费支出中企业资金比重

指企业委托科研机构开展 R&D 活动所提供的资金占科研机构 R&D 经费支出的比重。反映了科研机构与企业合作交流情况。

19. 与外单位合办的科技创新平台数

指科研机构与外单位合办的研究部门数量，包括国家（重点/工程）实验室、国家工程（研究/技术研究）中心、部门/地方（重点）实验室、部门/地方工程（研究/技术）中心等。

## （二）科研机构创新能力评价方法

本文采用指数法对各级指标进行无量纲化，运用主客观结合的方法，即德尔菲法和熵值法确定各评价指标的权重，对吉林省科研机构 2022 年的创新能力进行综合评价。

1. 评价标准

广义指数法是将基础指标值与"评价标准"进行比较的无量纲化方法，并且根据"评价标准"的选择，可以把指数确定在 0～100% 之间，增加了评价结果的直观可比性。缺点是"评价标准"的确定是难点。

考虑到吉林省科研机构区域发展不均衡的特点，大部分科技创新资源主要集中在长春市，其他市（州）科研机构创新发展水平与长春市有显著差距。本报告采用吉林省科研机构创新指标均值作为吉林省的科技创新"评价标准"。通过各区域科研机构的创新指标与"评价标准"的比较，反映吉林省各区域科研机构达到全省平均水平的程度。

2. 评价步骤

这里将各级评价值统称为"指数"，具体评价步骤如下。

（1）将各二级指标除以相应的评价标准，得到二级指标的评价值，即二级指标相应的指数，计算公式为：

$$y_{ij} = \frac{x_{ij}}{x_{\cdot j}} \times 100\% \qquad (1)$$

其中，$x_{ij}$ 为第 $i$ 个一级指标下的第 $j$ 个二级指标；$x_{\cdot j}$ 为第 $j$ 个二级指标相应的标准值；当 $y_{ij} \geq 100$ 时，取 100 为其上限值。

（2）一级指标评价值（一级指数）$y_{i\cdot}$ 由二级指标评价值加权综合而成，即：

$$y_{i\cdot} = \sum_{j=1}^{n_i} w_{ij} y_{ij} \qquad (2)$$

其中，$w_{ij}$ 为各二级指标评价值相应的权重；$n_i$ 为第 $i$ 个一级指标下设的二级指标的个数。

（3）总评价指数（总指数）由一级指标加权综合而成，即：

$$y = \sum_{i=1}^{n} w_{i\cdot} y_{i\cdot} \qquad (3)$$

其中，$w_{i\cdot}$ 为各一级指标评价值相应的权重；$n$ 为一级指标个数。

# 三 吉林省科研机构创新能力评价结果

## （一）科研机构创新能力综合评价水平

图1是2022年吉林省各地区科研机构综合创新水平指数情况，长春市的综合创新水平指数为93.79%，其次是吉林市，为52.12%，低于长春市41.67个百分点，延边州和通化市科研机构综合创新水平指数分别为32.42%和24.58%，白山市和白城市科研机构综合创新水平相当，指数分别为15.42%和15.19%，四平市和辽源市科研机构数量较少，四平市有2个，辽源市仅有1个，并且都没有研发活动，综合科技创新水平指数均不足1%，松原市没有科研机构。

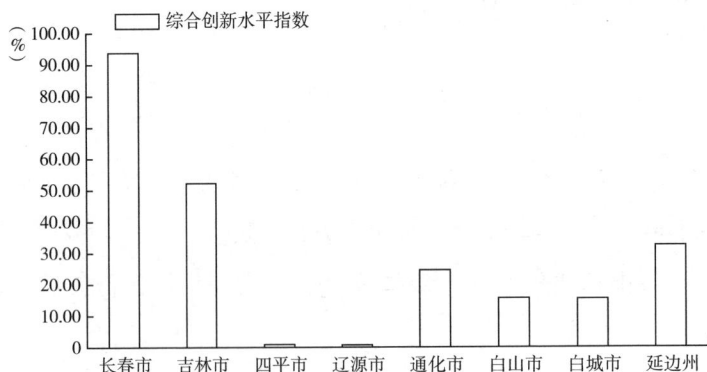

**图1　2022年吉林省各地区科研机构综合创新水平指数**
资料来源：作者根据相关网站整理自制。

## （二）科研机构创新能力一级指标评价

图2是2022年吉林省各地区科研机构一级指标评价情况。长春作为省会城市，集聚了全省的科技创新资源，长春市的科研机构在成果转化和对外合作上具有明显优势；吉林市的科研机构在创新产出和对外合作上具有显著优势，一级指标评价指数均超过70%，但创新投入指数评价指数仅

26%，与长春市相差 74 个百分点；通化市的科研机构在成果转化方面具有显著优势，评价指数为 41.8%，但创新产出能力劣势明显，评价指数仅为 22.6%；延边州的科研机构在各一级指标上表现均相对较好，尤其是对外合作评价指数高达 42.3%；白城市和白山市在创新产出方面表现相对较好，创新产出指标评价指数高于其他三个一级指标。

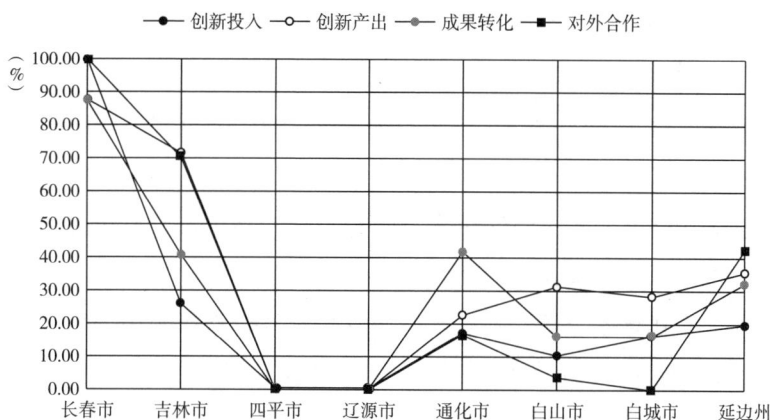

**图 2　2022 年吉林省各地区科研机构一级指标评价情况**
资料来源：作者根据相关网站整理自制。

## （三）科研机构区域创新水平

### 1. 长春市

经测算，2022 年，长春市科研机构综合创新水平指数为 93.79%，具体分析如下。

从创新投入水平上看，长春市科研机构创新投入指数为 100.00%，在人力投入和财力投入方面均位居全省前列。一是在人力投入方面，长春市拥有科研机构数量为 67 个，占全省比重为 60.36%，科研机构 R&D 人员占全社会 R&D 人员的比重为 89.54%，科研机构 R&D 人员中博硕毕业生比重为 61.78%（高于全省 2.13 个百分点）。二是在财力投入方面，R&D 经费支出占全社会 R&D 经费支出比重为 96.65%，其中，基础研究经费支出占全社会基础研究经费支出比重为 98.20%，试验发展经费支出占全社会试验发展经费支出比重为 95.72%。但财政投入力度有待进一步提高，其中，R&D 经费支出中政府资金比重为 79.99%。

从创新产出水平上看，长春市科研机构创新产出指数为 87.71%，专利与论文等创新产出水平显著。其中，千名 R&D 人员拥有有效发明专利数为 509 件；千名从业人员专利授权数为 90 件；千名从业人员发表科技论文数为 348 篇，国外发表论文占科技论文比重为 68.62%（高于全省 5.38 个百分点）。但标准产出水平较低，其中，千名从业人员形成国家或行业标准数为 2 项。

从成果转化水平上看，长春市科研机构成果转化指数为 87.45%，经济效益较高。其中，专利所有权转让及许可数为 50 件，专利所有权转让及许可收入为 16009 万元。但转化人员规模不足，其中，成果转化与扩散的专职人员数占从业人员比重为 0.63%。

从对外合作水平上看，长春市科研机构对外合作指数为 100.00%，创新主体合作紧密度较高。其中，企业委托科技课题占比为 16.96%（高于全省 0.20 个百分点）；R&D 经费支出中企业资金比重为 18.51%，与外单位合办的科技创新平台数为 14 个。

2. 吉林市

经测算，2022 年，吉林市科研机构综合创新水平指数为 52.12%，具体分析如下。

从创新投入水平上看，吉林市科研机构创新投入指数为 26.01%，人力投入和财力投入均紧随长春市之后。其中，吉林市拥有科研机构数量为 14 个，占全省比重为 12.61%，科研机构 R&D 人员占全社会 R&D 人员比重为 5.43%，科研机构 R&D 人员中博硕毕业生比重为 48.31%；R&D 经费支出占全社会 R&D 经费支出比重为 2.24%，基础研究经费支出占全社会基础研究经费支出比重为 1.64%，试验发展经费支出占全社会试验发展经费支出比重为 2.83%。同时，政府财力投入水平较长春市有所提升，但比重依然很低，其中，R&D 经费支出中政府资金比重为 87.23%。

从创新产出水平上看，吉林市科研机构创新产出指数为 71.55%，创新产出处于优势地位。一是从专利产出水平上看，千名 R&D 人员拥有有效发明专利数为 914 件（高于长春市 405 件）。二是从论文产出水平上看，千名从业人员发表科技论文数为 207 篇，国外发表论文占科技论文比重为 22.62%。

从成果转化水平上看，吉林市科研机构成果转化指数为 40.74%。其中，科技成果整体转移转化效果明显，收入占比较高，科技成果转化收入占机构收入比重为 4.32%（高于全省 3.40 个百分点）。但是，专利贡献程度并不突出，与长春市相比有较大差距，专利所有权转让及许可收入为 60 万元，与长春市相比少 15949 万元；同时专职人员不密集，成果转化与扩散的专职人员数占从业人员比重为 1.56%。

从对外合作水平上看，吉林市科研机构对外科技合作指数为 70.20%。企业有更多意愿将课题委托于科研机构，科研机构在当地的权威度较高，企业合作出资较多，其中，企业委托科技课题占比为 24.00%（高于全省 7.24 个百分点）；R&D 经费支出中企业资金比重为 12.77%。

3. 四平市

经测算，2022 年，四平市科研机构综合创新水平指数为 0.14%。其中，四平市科研机构创新投入指数为 0.55%，科技投入重视程度不足，人力资本少。其中，四平市拥有科研机构数量仅为 2 个，占全省比重为 1.80%，从业人员总数为 60 人，占全省比重为 0.46%。同时，四平市没有将科技投入进行产出与成果转化，没有开展对外科技合作。

4. 辽源市

经测算，2022 年，辽源市科研机构综合创新水平指数为 0.07%。其中，辽源市科研机构创新投入指数为 0.27%，科技投入水平最低。其中，辽源市拥有科研机构数量仅为 1 个，占全省比重为 0.90%，从业人员总数为 9 人，占全省比重为 0.07%。

5. 通化市

2020 年，通化市科研机构的数量为 6 个，占全省科研机构全部数量的 5.4%。通化市综合科技创新水平指数为 24.58%，处于全省中等水平。通化市科研机构的 R&D 经费基本来源于政府资金的投入。从创新投入水平来看，其创新投入指数为 17.19%。R&D 经费支出中政府资金为 1109.8 万元，R&D 经费支出占全社会 R&D 经费支出比重的 99.2%（高于全省 18.85 个百分点）。通化市科研机构的 R&D 人员为 128 人，占全社会 R&D 人员比重的 1.30%。从创新产出水平来看，通化市的千名从业人员形成国家或行业标准数为 3.19 项（高于全省 0.87 项）。通化市科技成果转化水平指数为 41.84%，其中专利所有权转让及许可数为 1 件，专利所有权转让及许可收入为 80 万元，科技成果转化收入占机构收入比重为 4.21%。

6. 白山市

2022 年，白山市综合创新水平指数为 15.42%。科研机构数量为 6 个。从创新投入水平来看，R&D 经费支出为 462 万元，较上年增长 7.9 个百分点。白山市没有基础研究经费支出，而试验发展经费支出占全社会试验发展经费支出比重为 0.06%，因此，创新投入水平有待进一步提升。从创新产出水平来看，创新产出指数为 31.34%。其中，千名从业人员形成国家或行业标准数 51.55 项。从成果转化水平来看，白山市成果转化指数为 16.17%。白山市在科技成果转化及对外科技合作方面需进一步提升。在成果转化人员投入方面在全省名列前茅，但是在专利所有权转让及许可数、专利所有权转让及许可收入等方面没有建树。与外单位合办的科技创新平台数仅有 1 个。

7. 白城市

白城市科研机构在人力投入及财力投入方面在全省水平较高。2022 年，白城市综合创新水平指数为 15.19%，科研机构 R&D 人员为 171 人，占全社会 R&D 人员比重的 1.74%。而 R&D 经费支出为 2454.5 万元，占全社会 R&D 经费支出比重的 0.43%。R&D 经费支出全部来源于政府资金。从创新产出水平来看，白城市创新产出水平指数为 28.24%，其中白城市科研机构没有授权专利产出。白城市在从事成果转化与扩散的专职人员数量方面在全省名列前茅，但是在成果转化收入等方面没有建树。并且科研机构没有开展对外科技合作等方面的工作。

8. 延边州

延边州综合创新水平指数为 32.42%。从 R&D 人力方面看，科研机构 R&D 人员为 59 人，占全社会 R&D 人员比重的 40.69%。从 R&D 经费支出方面来看，R&D 经费支出为 2306.4 万元，占全社会 R&D 经费支出比重的 0.40%。从活动类型看，试验发展经费支出为 2168.7 万元，占全社会试验发展经费支出比重的 0.68%。从创新产出水平来看，延边州千名从业人员专利授权数为 47.85 件。

# 四 吉林省科研机构创新发展问题分析

## （一）吉林省各地区科研机构发展水平有待进一步缩小

2022 年，长春市的科研机构综合创新能力居各市（州）首位，分别超过吉林市 41.67 个百分点、四平市 93.65 个百分点、辽源市 93.72 个百分点、通化市 69.21 个百分点、白山市 78.37 个百分点、白城市 78.60 个百分点和延边州 61.37 个百分点。由此说明吉林省各地区科研机构综合创新能力差距显著，因此除长春市外，其他地区科研机构综合创新能力有待进一步提升。

## （二）地区间科研机构投入和产出效率有待进一步提升

2022 年，吉林省科研机构创新投入产出比大于 1 的分别为长春市、四平市和辽源市。这 3 个地区的资源配置已经达到了最优，但是由于财政资金结构和管理体制机制不合理，因此产出效率较低，创新投入的增加并不能使创新产出相应增加。从创新投入和创新产出来看，长春市的创新投入和创新产出水平指数远远超过其他地区，说明吉林省区域间的创新投入产出能力有较大差距，资源配置有待进一步合理分配和调整。

## （三）吉林省区域科技成果转化意识有待进一步增强

从成果转化能力来看，吉林省有 2 个地区没有科技成果转化，分别为四平市和辽源市。其他地区的成果转化水平指数也相对较低，其中白山市、白城市和延边州的成果转化分别为 16.17%、16.17% 和 32.16%，并且，白山市和白城市成果转化与扩散的专职人员数占从业人员比重在全省位居前列，但是两地均在成果转化收入等方面没有建树。因此需改进各区域间科技成果转化机制，重点加大对重大科技和成果转化等方面专项的投入。

### （四）部分科研机构开展创新活动有待进一步增强

2022年，在吉林省111个科研机构中，有14个科研机构的从业人员小于等于10人，9个科研机构收入总额小于100万元，这些机构多为县属机构，或者是待转制的机构，战略定位模糊，原有产业已经不能满足新形势下本区域内经济社会发展的要求，还不能根据自身的实际情况及时调整功能定位，主业不明，缺少核心产品，科研人员流失严重，致使院所发展停滞，处于仅维持日常运营状态，缺少科技活动。

### （五）科研机构对外科技合作交流有待进一步加强

吉林省各地区科研机构对外进行科技合作交流活动较少。2022年，除长春市和白山市有与外单位合办的科技创新平台，其他几个地区均没有合作平台。各地区企业委托科技课题占比均低于25.0%，而四平市、辽源市、白山市和白城市4个地区没有企业向科研机构委托科技课题。由此可见，吉林省各地区需进一步加大科技的对外合作交流，建立多层次的科技合作交流平台。

## 五　吉林省科研机构创新发展对策建议

### （一）加强地方间建立会商合作机制，发挥省会城市辐射引领作用，促进地方间科研机构协同创新发展

建立各市（州）科研机构间联动创新发展机制，通过政策引导和资金支持，鼓励地区间科研机构充分整合互补优势特色资源建立人才共育、资源和成果共享机制，争取在科技项目创新、关键核心技术攻关以及提升特色产业发展水平等方面建立协同联动机制，推进区域间科研机构协同创新发展。如吉林省农业科学院可以与各市（州）农业科学院建立协同联动机

制，形成优势互补，共同发展。

### （二）发挥农业、医药类科研机构特色优势，助推农业、医药产业转型升级

农业和医药产业作为吉林省支柱产业，在"一主六双"高质量发展战略中多次提出，它们的发展对于吉林省高质量发展至关重要。吉林省农业和医药类科研机构科研实力较强。在 111 个科研机构中，2022 年，吉林省农业科学院植物新品种授予数为 15 件，国家级农作物品种审（认）定数为 34 件；吉林省中医药科学院 R&D 投入水平在全省名列前茅。为更好地提升吉林省产业竞争力，科研机构应以产业发展需求为导向，充分发挥优势资源，不断提升解决产业发展过程中"卡脖子"问题的能力。

### （三）加大科技成果转化力度，推进科技成果落地转化

有 R&D 活动的科研机构应当设立专门的科技成果转化部门，培养专业的成果转化推广人员，为本机构内的科研成果提供规范的专业化的成果转化服务，完成科研机构与外部平台的对接；然后还要以发展的眼光给予科研人员专业意见，为科研人员的创新方向提供新的思路。

### （四）加强地方属科研机构树立品牌意识，激发创新活力

部分地方科研机构在行业、产品、市场、技术等一系列战略定位上过于宽泛或模糊，制约了核心能力的培养，使原有科研人才、科研储备等优势逐渐下降，科研机构处于低层次、小规模的发展状态，缺少核心产品，发展缓慢。这类科研机构应该明确功能定位，确定科研布局，找出自身适合地方经济发展的领域优势，确定首要的利益目标，合理配置资源，改变急功近利短期效益的状态，打造品牌突出主业，以发展的眼光解决科研机构社会目标和经济目标冲突的问题。

### （五）加强对外科技合作，促进科研机构与企业协同创新发展

科研机构是一个地区重要的科技力量和社会进步的创新源泉，科研机

构与企业的合作，一方面能够为科研机构提供应用牵引和项目支持，另一方面，能够降低企业开展创新的高投入和失败等风险、为企业持续发展提供内生动力。

现阶段，政府部门应构建科技政策体系，促进科研机构与企业协同发展，加快经济发展水平和科技创新能力协同提升。如政府可通过财政政策支持企业开展科研，引导企业参与科研并提供资助；鼓励双方互派人员开展兼职、双聘、短期入驻等方式，引导科研机构与企业间人员交流；打通大型仪器设备使用及管理的壁垒，推动重大科研基础设施和大型科研仪器进一步向民营企业开放，鼓励民营企业和社会力量组建专业化的科学仪器设备服务机构，参与国家科研设施与仪器的管理与运营。

# Analysis Report on the Evaluation of Innovation Capability of Scientific Research Institutions in Jilin Province

*Liu Jingyan    Shan Yi    Hu Yang    Jing Liwei    Wang Guihua*

**Abstract**：As one of the three major innovation entities, scientific research institutions play an important role in the development of scientific and technological innovation in Jilin Province. This study first analyzes the current development status of scientific research institutions in various regions. This study first analyzed the development status of regional scientific research institutions, evaluated the innovation capability of regional scientific research institutions in Jilin Province by constructing the innovation capability evaluation index system of scientific research institutions, found the existing problems in the development of regional scientific research institutions, and put forward corresponding countermeasures and suggestions.

**Keywords**：Scientific Research Institution；Innovation Capabilities；Jilin

# 吉林省地方科研机构服务创新发展研究

张 可 刘竞妍[*]

**摘 要：** 地方科研机构作为区域创新体系中的重要组成部分，掌握着丰富的科研资源，是地方科技创新的动力源，多年来对吉林省经济发展和科技进步作出了重要的贡献，本文主要通过对吉林省地方科研机构创新活动现状和特征进行分析，找出问题，再通过问卷形式对地方科研机构进行需求调研和总结，从而提出促进吉林省地方科研机构服务创新发展方面的对策和建议。

**关键词：** 区域创新；地方科研机构；R&D 活动

## 一 地方科研机构创新活动发展现状

### （一）总体规模

1. 机构数量逐渐减少

2018~2022 年，吉林省地方科研机构的数量总体呈下降趋势，2018 年 111 个，2022 年 101 个，减少了 10 个。其中，2018~2022 年省级部门属机构减少 2 个，市级部门属机构减少 1 个（见图 1）。

2. 科技活动人员素质提高

2018~2022 年，吉林省地方科研机构的从业人员总数逐渐减少，2022

---

\* 张可，吉林省科学技术信息研究所，研究员，主要研究方向为科技统计分析；通讯作者：刘竞妍，吉林省科学技术信息研究所，助理研究员，主要研究方向为科技统计分析。

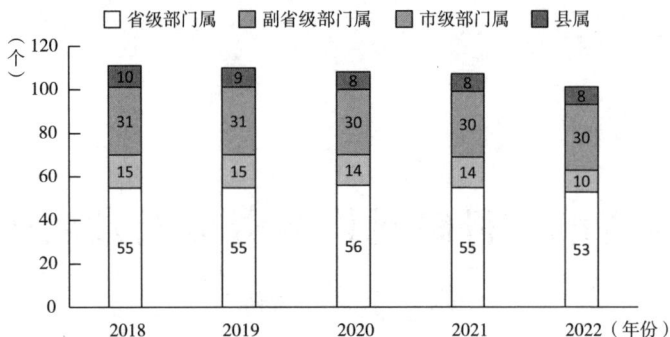

**图1 吉林省地方科研机构数量变化情况（2018~2022年）**
资料来源：作者根据相关网站整理自制。

年比2018年减少637人；从事科技活动人员数2022年比2018年共减少74人（见图2）；从事科技活动人员数量占从业人员总数的比重基本保持稳定，在71%~76%，也就是说，地方科研机构的从业人员中有近3/4的人员在从事科技活动。

2018~2022年，吉林省地方科研机构从事科技活动人员素质提高，从图2可以看出五年来硕博学历人员数增长较快，截至2022年末，博士和硕士学历人数分别增长18.24%和26.69%。

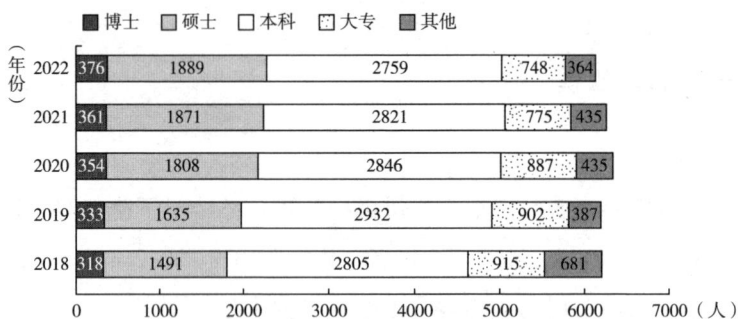

**图2 吉林省地方科研机构中从事科技活动人员数按学历分情况（2018~2022年）**
资料来源：作者根据相关网站整理自制。

3. 科技活动收入以政府资金为主

2018~2022年，吉林省地方科研机构科技活动投入略有下降，地方科研机构科技活动投入的绝大部分来自政府资金，政府资金占比稳定在80%以上；2018~2021年技术性收入占比增长较快，2022年有大幅下降；技术性收入占科技活动收入的比重也从2018年的9.05%，提升至2021年的18.53%，但是2022年又下降至7.23%（见图3）。

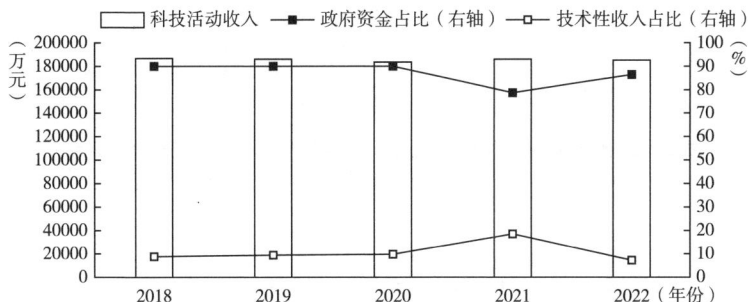

**图3　吉林省地方科研机构科技活动投入及按资金来源分占比（2018~2022年）**
资料来源：作者根据相关网站整理自制。

## （二）研发活动

**1. 研发活动主要以R&D课题为主**

吉林省地方科研机构的研发活动主要以R&D课题为主，平均每年开展的科研课题中有近2/3是R&D课题。从事R&D课题研究的科研机构主要以省级部门属科研机构为主，省级部门属科研机构R&D课题数占全部地方科研机构R&D课题总数的80%以上，其他级别科研机构占比不到20%（见图4）。

**2. R&D人力投入较为稳定**

2018~2022年，吉林省地方科研机构R&D人员数波动不大，2022年稍有下降，比2018年减少198人。从学历分布看，博士学历、硕士学历人数和占比均呈增长趋势，2022年博士学历人数增加39人，所占比例提高了1.68个百分点；硕士学历人数增加121人，所占比例提高了5.43个百分点（见图5）。

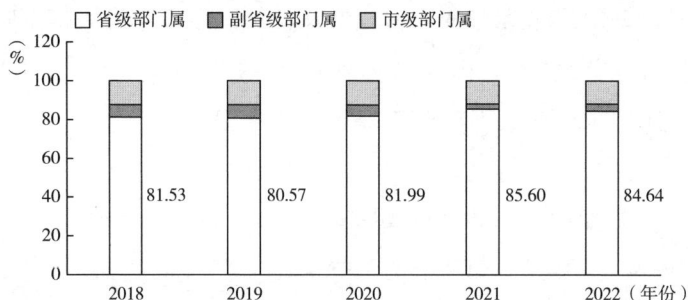

**图 4　吉林省地方科研机构 R&D 课题情况对比（2018~2022 年）**

资料来源：作者根据相关网站整理自制。

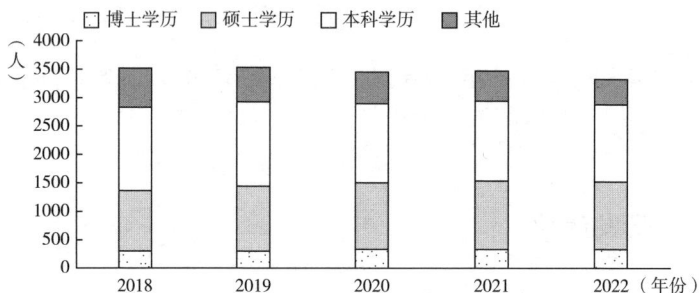

**图 5　吉林省地方科研机构 R&D 人员数按学历分（2018~2022 年）**

资料来源：作者根据相关网站整理自制。

2018~2022 年，吉林省地方科研机构 R&D 人员折合全时当量总体呈下降趋势，2022 年比 2018 年减少 275 人年。从 R&D 活动类型看，基础研究和应用研究 R&D 人员折合全时当量在 2020 年增加最多，2020 年较 2018 年共增加 233 人年，所占比例提高 9.39 个百分点，之后 2021 年同比下降 11.48 个百分点，2022 年又同比提高 8.63 个百分点。总之，近年来吉林省地方科研机构对于基础研究和应用研究的重视程度有所提升，但是由于自身科研水平等原因投入并不稳定（见图 6）。

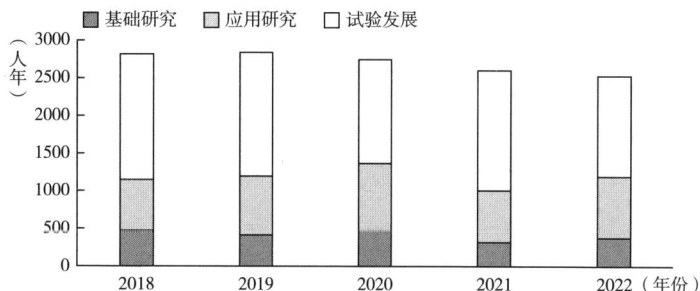

**图 6　吉林省地方科研机构 R&D 人员折合全时当量**
**按活动类型分（2018～2022 年）**

资料来源：作者根据相关网站整理自制。

3. R&D 经费投入总体呈增长态势

2018～2022 年，吉林省地方科研机构 R&D 经费投入总体呈增长趋势，2022 年较 2018 年增长 13.25%。地方科研机构 R&D 经费投入主要来自政府资金，平均占比在 90% 以上，不过近年来有逐渐下降趋势；来自企业资金较少，平均占比在 1% 左右，其中 2021 年较高，占比为 2.41%；来自国外资金极少，平均占比仅 0.02% 左右，近三年没有国外资金投入。吉林省地方科研机构进行研发活动主要依靠地方政府部门财政支持，与企业和国外机构合作较少（见图 7）。

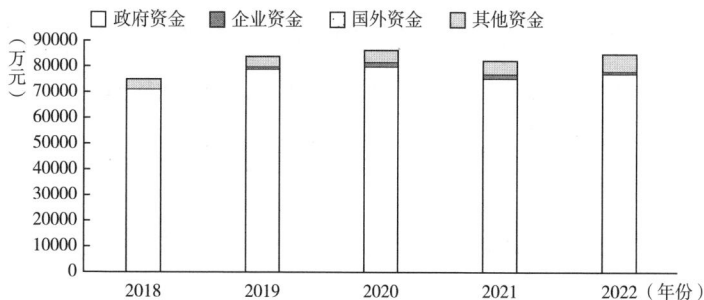

**图 7　吉林省地方科研机构 R&D 经费投入按资金来源分（2018～2022 年）**

资料来源：作者根据相关网站整理自制。

从 R&D 活动类型看，2018~2022 年，吉林省地方科研机构的基础研究经费投入 2020 年最高，占比达到 15.53%，之后 2021 年同比下降 5.66 个百分点，2022 年又同比增长 5.53 个百分点；应用研究经费投入占比 2022 年比 2018 年增长 10.91 个百分点；试验发展经费投入较为稳定，平均占比在 57% 左右（见图 8）。

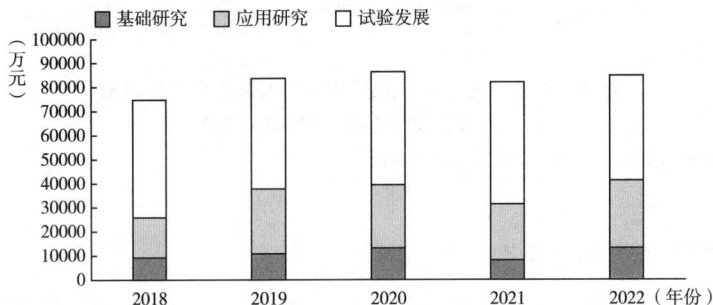

**图 8  吉林省地方科研机构 R&D 经费按活动类型分（2018~2022 年）**
资料来源：作者根据相关网站整理自制。

## （三）科技产出质量有所提高

### 1. 科技论文与著作情况

2018~2022 年，吉林省地方科研机构发表科技论文总数呈下降趋势，2022 年比 2018 年减少 360 篇，不过，国外发表科技论文占比基本呈逐年增长态势，2022 年占比比 2018 年占比提高了 7.75 个百分点（见图 9）。

2018~2022 年，吉林省地方科研机构出版科技著作数量呈下降趋势，每年平均出版 58 部左右，2022 年比 2018 年减少 20 部。

### 2. 专利申请授权情况

2018~2022 年，吉林省地方科研机构专利申请受理数以 2020 年为分水岭，前三年增长后两年下降，2020 年专利申请受理数量最高为 248 件，比 2018 年增加 68 件，2022 年为 213 件，比 2020 年减少 35 件；不过，专利申请中发明专利占比整体呈增长趋势，2022 年比 2018 年增长 8.12 个百分点。

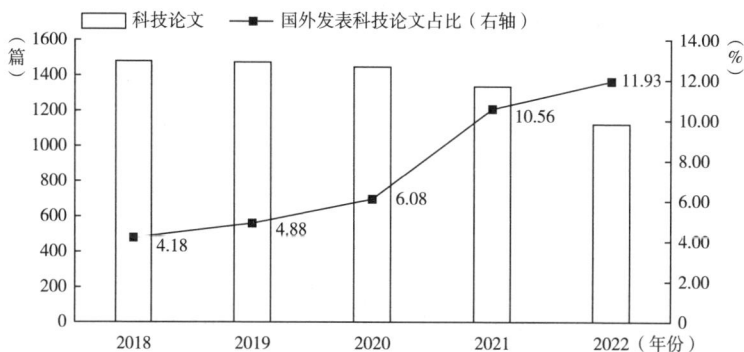

**图 9 吉林省地方科研机构发表科技论文总数及国外论文占比情况（2018~2022 年）**
资料来源：作者根据相关网站整理自制。

2018~2022 年，吉林省地方科研机构专利授权数量变化没有规律可循，2022 年较 2018 年增加 31 件；不过，专利授权中的发明专利占比基本呈持续增长趋势，2022 年比 2018 年增长 26.95 个百分点（见图 10）。

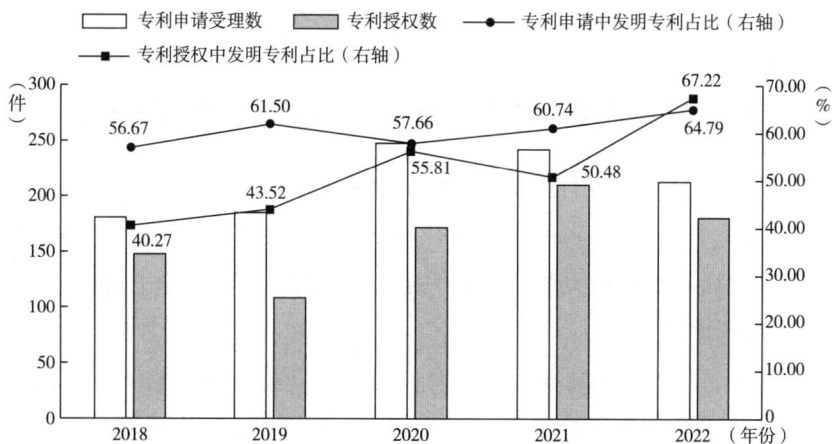

**图 10 吉林省地方科研机构专利申请授权情况（2018~2022 年）**
资料来源：作者根据相关网站整理自制。

**3. 其他科技产出情况**

科技产出不仅仅包括科技论文和专利，还包括国家或行业标准、植物新品种授予和软件著作权等。2018~2022 年，吉林省地方科研机构形成国家或行业标准数以 2018 年最多，为 38 项，之后下降，2022 年为 18 项；植物新品种授予数以 2020 年最多，为 40 件，2022 年为 18 件；软件著作权数 2020 年最多，为 72 件，2022 年为 41 件。以上这几种科技产出量的多少没有规律可循，因为不同的产出授予形式可能有授予年度的限制，就会表现出数量多寡不同。

## 二　地方科研机构创新活动特征

### （一）机构规模普遍偏小

从经费支出规模来看，截至 2022 年底吉林省地方科研机构有 101 个，经费支出 1 亿元以上的仅 5 个，5 千万元以上 1 亿元以下的机构 5 个，其余均在 5 千万元及以下，5 千万元及以下的机构占比 90.1%，平均每家地方科研机构的经费支出仅为 0.26 亿元；而 10 家中央部门属科研机构的平均经费支出为 5.56 亿元，地方部门属和中央部门属科研机构平均经费支出规模差距显著。

### （二）课题多来源于地方政府，行业体现地方经济特色

2022 年吉林省地方科研机构 853 项 R&D 课题中，来源于地方政府部门的项目数为 611 个，占比 71.63%，国家项目数为 71 个，仅占 8.32%；而中央部门属科研机构 R&D 课题中国家项目占 45.6%，来自地方政府部门的项目占 20.38%。

从科研机构服务的行业来看，吉林省地方科研机构服务的行业和地方经济发展衔接得比较紧密，能够体现地方特色。吉林省是农业大省，农业类机构发展比较良好，对农业的研究和服务覆盖面比较广而全面。农业类科研机构的创新活动经费占全部地方科研机构创新活动经费的 56.35%。

### （三）机构发展两极分化严重

以吉林省农业科学院为例，该科学院每年科技活动收入和 R&D 经费

支出均在亿元以上，在建设吉林省地方现代农业产业体系中发挥了重要的作用。

而一些在科技体制改革中定位不明确的机构，由于转制政策没得到完全落实，造成发展滞后甚至停滞不前，此类机构可以分为以下两种：一种是最早确定转制的机构，但是由于种种原因转制没有完成，多年来没有任何活动，人员自然减编，每年财政拨款仅保证发放退休人员工资；还有一种机构属于转制没有完成，近年来科技活动逐年减少，从报表数据来看仅有基本的人员费支出，其他活动支出很少或者基本没有。

### （四）职能多样化，创新活跃度略逊于中央部门属科研机构

由于地方科研机构主管单位一般是地方政府的相关部门，因此，地方科研机构的主要职能是服务地方经济和科技发展，那么其职能就不仅仅是研究与开发，还有成果推广、科技服务和咨询等，而中央部门属科研机构职能明确，主要从事科学研究，所以在研发活动中，吉林省地方科研机构的 R&D 经费支出占全省科技经费支出比重远远小于中央部门属科研机构的占比（见表 1）。

表 1　吉林省中央与地方科研机构 R&D 活动对比（2022 年）

| 隶属部门 | 单位数（个） | 有 R&D 活动的单位数（个） | R&D 活动单位数占比（%） | R&D 经费支出/全省科技经费支出（%） |
|---|---|---|---|---|
| 全部科研机构 | 111 | 50 | 45.05 | 81.68 |
| 中央部门属科研机构 | 10 | 5 | 50 | 96.97 |
| 地方科研机构 | 101 | 45 | 44.55 | 42.96 |

资料来源：作者根据相关网站整理自制。

通过以上对吉林省地方科研机构特征的分析，可以看到，地方科研机构虽然在经费规模、科研条件、研发实力等方面和中央部门属科研机构还有些差距，但是在地方政府部门的管理下，地方科研机构能够及时了解地方政府对本区域内的整体布局，获得相关的优惠政策文件等，对地方政府关于创新发展的整体思路能够及时落实，可以更好地服务于区域经济发展。

# 三 地方科研机构发展存在的主要问题

## （一）缺乏品牌意识，主业不突出

从以上对吉林省地方科研机构特征部分的分析中可以看到，大部分地方科研机构规模较小，且发展两极分化严重，农业类等传统科研机构发展良好，且能够及时地得到财政资金支持，形成良性循环；而另外一些科研机构在体制改革中没能适应新时代的要求，原有产业已经不能满足新形势下当地经济社会发展的要求，还不能根据自身的实际情况及时调整功能定位，主业不明，致使相关科研机构发展停滞。

## （二）管理体制机制落后，缺乏人才激励机制

科研人员是科技创新活动的重要执行者，科研机构中的科研人员发挥主观能动性是高效完成科研院所创新工作的最好保障[①]。通过 2022 年科技统计数据可以看出，吉林省 101 家地方科研机构中有 79 家是财政全额拨款事业单位，由于这类机构财政拨款政策束缚比较多，经费管理比较严格，难以形成奖励分配机制，科研人员单纯依靠热情来开展科研工作，而科研工作本来就是漫长艰苦的，很难有人在这种情况下一直坚持下去，科研人员的研发积极性必然大减，最后导致人才外流。

科研人员的另外一个实现价值的目标就是职称评定，吉林省大部分科研机构的职称评定标准依然是项目数、论文量及成果奖励等，虽然评聘分离、破"四唯"的导向一直在提，但是由于品德、能力、业绩、贡献评价的指标很难量化，所以在职称评定的具体实施过程中还有很多问题。

---

① 郭艳君：《激发科研院所创新活力研究》，《中国集体经济》2019 年第 21 期，第 56～57 页。

### （三）成果转化落地难

1. 研究与市场脱节

近些年，吉林省地方科研机构虽然已经在对外合作和成果推广上有了一定的进步，但是整体情况还是不容乐观。科研机构对项目实施和后期的成果推广的关注度不够，致使一些项目无法转化推广；另有一些项目由于和外界对接程度不够，科研机构不了解市场需求，在申报项目时没能做深度调研，因此研究成果无法落地。

2. 机构自身缺乏成果转化的专业人员

靠近市场的地方科研机构，在创新链条中，是成果转化与产业化的关键[1]。虽然一些地方科研机构中有负责科技成果转化与扩散的部门或者人员，但是这些部门和人员往往只是兼职负责成果转化工作，对技术评估、转让和交易等的流程和内容了解得不系统，导致科技成果转化工作不能专业化，机构的科研成果不能很好地应用于实践，科研成果如果不能及时转化就会被科技的飞速发展淘汰。

### （四）协同创新意识不强

吉林省地方科研机构虽然近年来多与企业、高校开展创新合作，但是合作项目的总量还是较少。大多数地方科研机构申请课题都是独立完成，与其他科研机构、高校、企业合作的项目极少。而课题组在对地方科研机构的创新需求的调查时发现，55.7%的地方科研机构希望通过政府部门获得项目，29.5%的地方科研机构希望和高校、中央部门属科研机构合作，而希望和企业合作的科研机构仅占14.8%，可见大多数地方科研机构协同创新意识较差。

---

① 霍一博：《地方科研院所服务区域创新发展路径研究》，《科技和产业》2022年第9期，第151~155页。

## 四 吉林省创新发展对地方科研机构的需求分析

基于地方科研机构在区域创新发展中的功能和定位，课题组通过设计调查问卷，力图全面了解地方科研机构在创新发展中遇到的问题及需求。

### （一）地方科研机构创新发展需求问卷设计

调查问卷主要从地方科研机构对人才、资金、平台和政策的需求4个角度，设计了15个问题，问卷中的选项可以多选，但需被调查者按照重要程度进行排序，在分析中将答案分为"非常重要"、"一般重要"和"重要"三类，即每一道题排在前三位的选项重要程度为非常重要、一般重要和重要，在问卷最后还设计了一个开放性问题。共发放问卷93份，回收问卷56份，最终有效问卷为49份。

### （二）地方科研机构创新发展需求分析

1. 人才需求

人才是创新活动的主体，本节主要从人才类型、人才引进政策、人才培养方式和"留住人才"制度4个方面，分析地方科研机构对人才的需求。

（1）人才类型

图11是地方科研机构需要的人才类型情况。在49家调查单位中，有25家单位认为"高学历高职称人才"非常重要，21家单位认为"行业领军人才"非常重要，占比分别为51%和43%，认为"青年拔尖人才"非常重要的单位有2家，占比为4%。高学历高职称人才和行业领军人才是地方属科研机构的首选人才类型。

在一般重要的选项中，有22家单位选择了"青年拔尖人才"，17家单位选择了"行业领军人才"，在重要的选项中，有16家单位选择了"青年拔尖人才"，仅有4家单位选择"国际化人才"。除了高学历高职称人才和行业领军人才外，地方科研机构对"青年拔尖人才"的需求也比较大，对

"国际化人才"的需求不大。

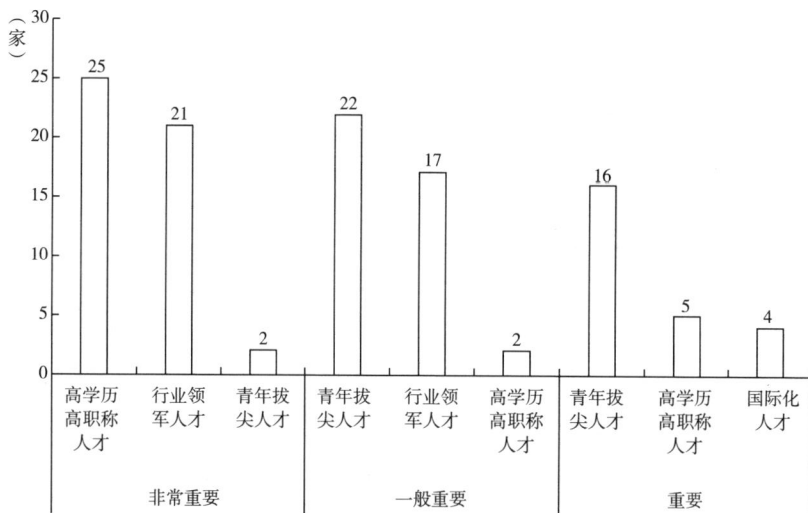

**图11 吉林省地方科研机构需要的人才类型情况**
资料来源：作者自制。

（2）人才引进政策

图12是吉林省地方科研机构对人才引进政策的看法，通过对此问题的分析，可以了解各类人才的需求，为地方科研机构人才引进提供借鉴。在49家调查单位中，有35家单位认为"高端人才年薪制"非常重要，占比为71.4%，可见良好的薪资待遇是最能够吸引人才的政策。

在一般重要的选项中，有15家单位选择"良好的人才培养政策"，15家单位选择"提供人才公寓或者安家费"，在重要的选项中，选择"良好的人才培养政策"、"一定规模的科研实验室"和"解决子女入学问题"分别有9家单位，选择"国际访学交流机会"的有5家单位。除了良好的薪资待遇外，人才培养政策和科研环境也是专业人才比较看重的条件，国际交流机会对人才吸引力度不大。

（3）人才培养方式

图13是吉林省地方科研机构对人才培养方式的看法，通过对此问题的分析，可以为地方科研机构人才培养政策制定提供借鉴。在49家调查单位

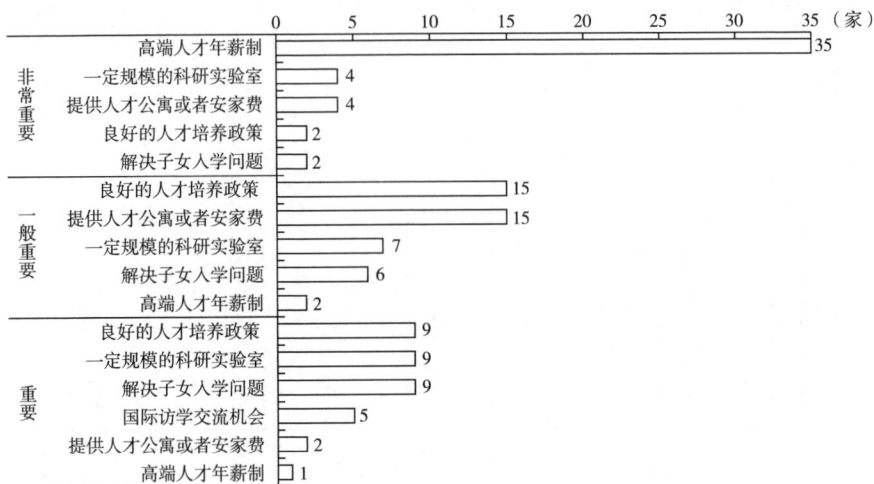

**图12　吉林省地方科研机构对人才引进政策的看法**

资料来源：作者自制。

中，有28家单位认为"专业技能培训"非常重要，占比为57.1%，专业技能培训是人才快速掌握业务知识、提升业务能力最基础、最重要的方式。有12家单位认为"继续教育"非常重要，占比为24.5%，继续教育的人才培养方式也比较受欢迎。

在一般重要的选项中，有16家单位选择"专业技能培训"，占比仍然最大，有12家单位选择"委托培养"，有11家单位选择"国际访问交流"。

（4）"留住人才"制度

图14是吉林省地方科研机构关于"留住人才"制度的看法，通过对此问题的分析，可以为地方科研机构"留住人才"制度建设提供一定的借鉴。在49家调查单位中，有35家认为"灵活的薪酬制度"最重要，占比为71.4%，薪酬待遇仍然是专业人才最关心的问题。

在一般重要的选项中，选择"开放的职称评聘制度"的有27家，占比为55.1%，在重要的选项中，选择"良好的科研环境"的有21家，占比为42.9%，人才关注的除了薪酬待遇，职称评定制度、科研环境等也是其关注的方面。

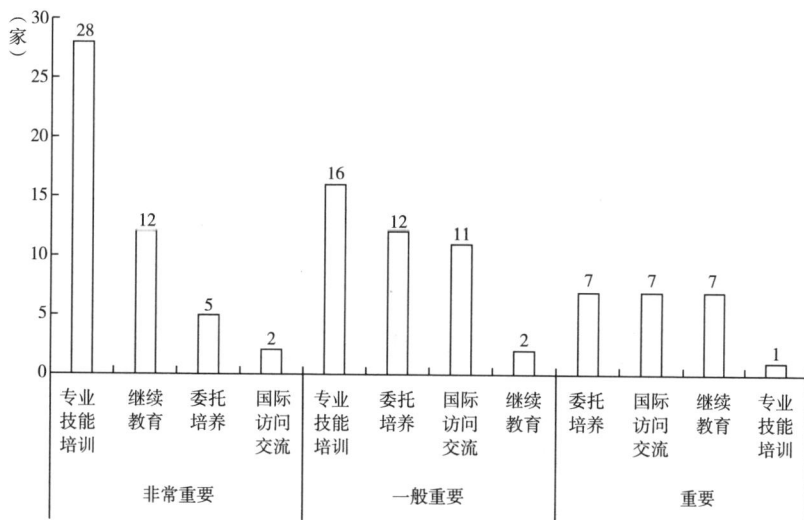

**图 13 吉林省地方科研机构对人才培养方式的看法**

资料来源：作者自制。

**2. 资金需求**

资金是科研机构进行创新活动的保障。本节分析地方科研机构的资金需求，包括资金用途，以及具体在团队建设、研发项目和成果转化方面的资金需求。

**（1）资金用途**

从吉林省地方科研机构资金用途情况的调查结果来看，在 49 家调查单位中，有 43 家单位有资金需求，占比为 87.8%，其余 6 家没有资金需求。

在 43 家有资金需求的单位中，23 家单位认为资金用于"人才培养"方面非常重要，13 家单位认为用于"科研项目研究"非常重要，科研人才和科研项目是需要资金支持的方面。

在一般重要的选项中，选择资金用于"科研人员奖励"的单位有 24 家，占比为 55.8%，在重要的选项中，选择资金用于"科研仪器设备"的单位有 14 家，除了"人才培养"和"科研项目研究"，对"科研人员奖励"的需求也比较大，对"成果转化"的资金需求不高（见图 15）。

图 14 的图表数据：

- 灵活的薪酬制度（非常重要）：35
- 良好的科研环境（非常重要）：8
- 开放的职称评聘制度（非常重要）：5
- 开放的职称评聘制度（一般重要）：27
- 良好的科研环境（一般重要）：10
- 灵活的薪酬制度（一般重要）：6
- 良好的科研环境（重要）：21
- 开放的职称评聘制度（重要）：8
- 灵活的薪酬制度（重要）：3

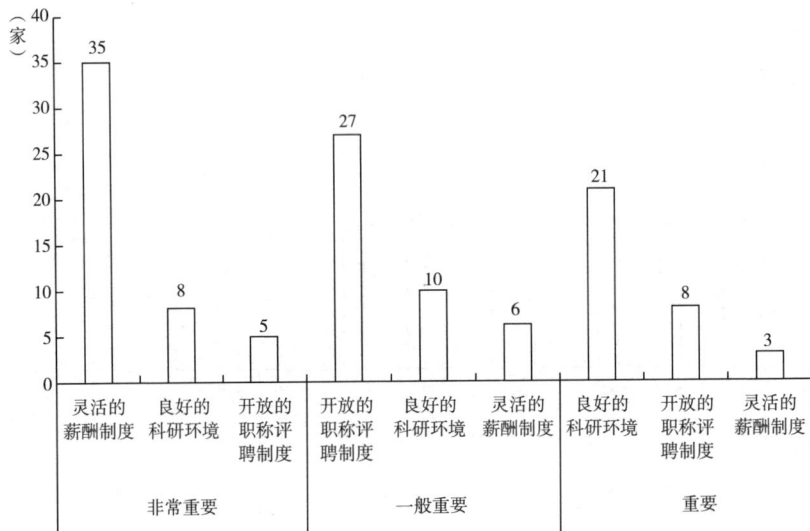

**图 14　吉林省地方科研机构关于"留住人才"制度的看法**

资料来源：作者自制。

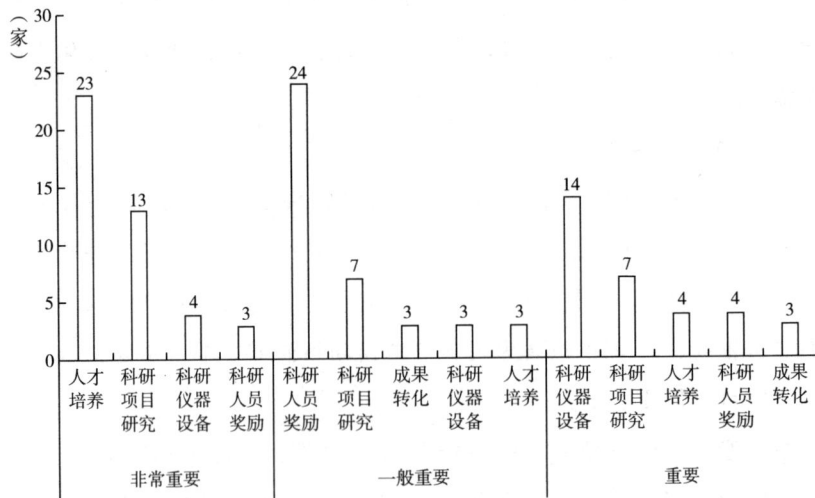

图 15 的图表数据：

- 人才培养（非常重要）：23
- 科研项目研究（非常重要）：13
- 科研仪器设备（非常重要）：4
- 科研人员奖励（非常重要）：3
- 科研人员奖励（一般重要）：24
- 科研项目研究（一般重要）：7
- 成果转化（一般重要）：3
- 科研仪器设备（一般重要）：3
- 人才培养（一般重要）：3
- 科研仪器设备（重要）：14
- 科研项目研究（重要）：7
- 人才培养（重要）：4
- 科研人员奖励（重要）：4
- 成果转化（重要）：3

**图 15　吉林省地方科研机构资金用途情况**

资料来源：作者自制。

（2）团队建设资金需求

图16是吉林省地方科研机构关于团队建设的资金需求情况的调查结果，在43家有资金需求的单位中，有19家单位认为"科研人员继续教育"非常重要，18家单位认为"业务培训"非常重要；在一般重要的选项中，选择资金用于"业务培训"的有19家，其次是选择用于"学术交流（包括国际交流）"的有10家；在重要的选项中，选择资金用于"学术交流（包括国际交流）"的有16家。

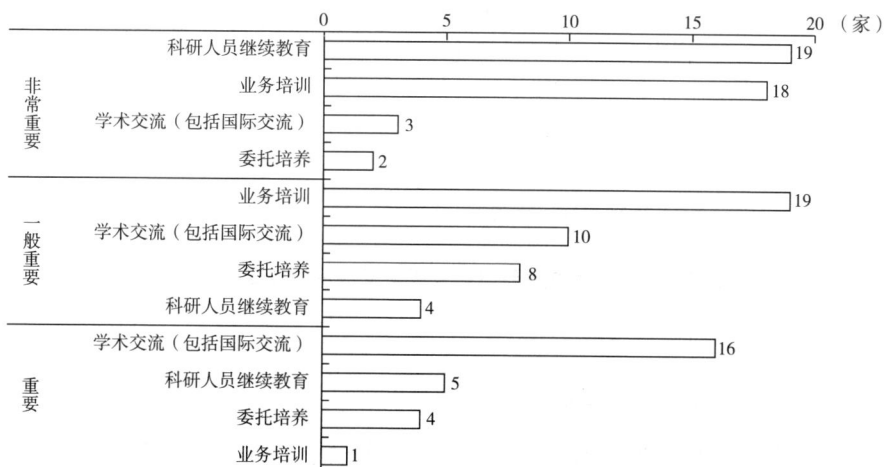

**图16 吉林省地方科研机构关于团队建设的资金需求情况**
资料来源：作者自制。

在团队建设中，用于业务培训的资金需求最为迫切的，其次是科研人员继续教育，最后是学术交流（包括国际交流）方面的资金需求。

（3）研发项目资金需求

图17是吉林省地方科研机构关于研发项目的资金需求情况调查结果，在43家有资金需求的单位中，有37家单位认为"加大项目资金支持力度"非常重要，占比为86%，大多数省级部门属科研机构认为在科研项目上的资金支持应该更多一些。

在一般重要的选项中，选择"精简项目资金预算说明"的单位有17家，选择"提高项目绩效分配自主权"的单位有13家；在重要的选项中，选择"提高项目绩效分配自主权"的单位有 16 家。科研项目资金的灵活使用是除了加大资金支持外的另一个比较大的需求。

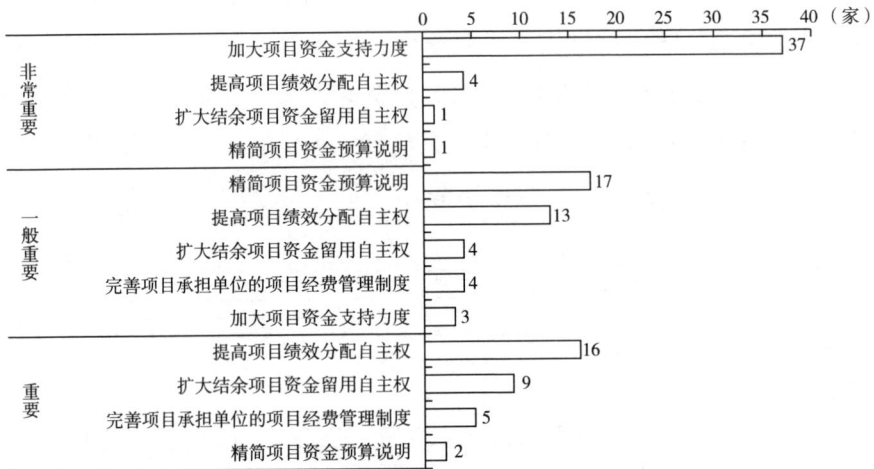

**图 17　吉林省地方科研机构关于研发项目的资金需求情况**
资料来源：作者自制。

（4）成果转化资金需求

图 18 是吉林省地方科研机构关于成果转化的资金需求情况调查结果，在 43 家有资金需求的单位中，有 36 家单位认为"设立财政性科技成果转化专项资金"非常重要，占比为 83.7%；在一般重要的选项中，有 12 家单位选择"以政府为主导设立金融服务机构，如担保机构"，有 9 家单位选择"税收优惠政策"，有 9 家单位选择"设立专业的融资平台"；在重要的选项中，有 9 家单位选择"税收优惠政策"，有 7 家单位选择"设立专业的融资平台"。

在成果转化资金需求方面，"设立财政性科技成果转化专项资金"的需求最大，其次是需要"设立专业的融资平台"，对"税收优惠政策"也有一定的需求。

3. 平台需求

（1）项目获取渠道

图 19 是吉林省地方科研机构获取项目渠道的调查结果，在 49 家被调

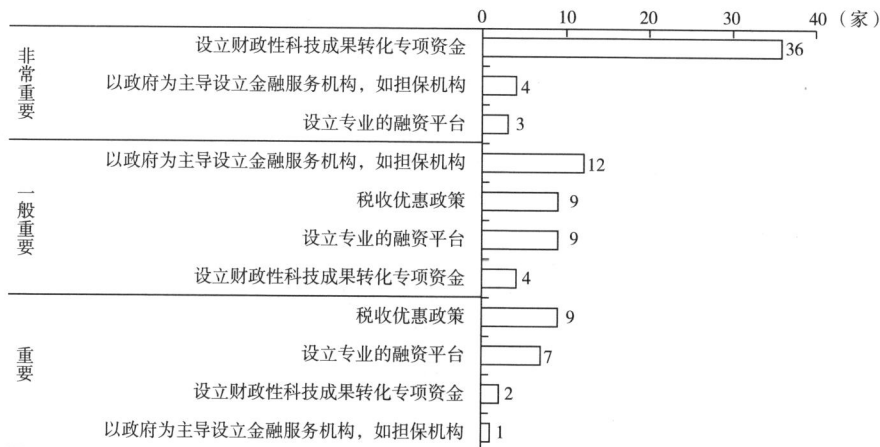

**图 18　吉林省地方科研机构关于成果转化的资金需求情况**

资料来源：作者自制。

查单位中，有 22 家单位认为从"中央政府部门"获取项目非常重要，21 家单位认为从"地方政府部门"获取项目非常重要，从政府部门获取科研项目是地方科研机构的首选。

在一般重要的选项中，有 16 家单位选择"与高校或中央部门属科研机构合作"，有 6 家单位选择"企业"；在重要的选项中，有 16 家单位选择"与高校或中央部门属科研合作"，有 10 家单位选择"企业"。除了从政府获取项目外，地方科研机构还希望与高校或中央部门属科研机构合作，与企业合作的意愿不太强烈。

（2）促进研发的平台

图 20 是吉林省地方科研机构认为对研发有促进作用的平台情况调查结果，在 49 家被调查单位中，有 30 家单位认为"产业技术创新联盟"非常重要，17 家单位认为"科技成果转化中试中心"非常重要；在一般重要的选项中，有 24 家单位选择"科技成果转化中试中心"。地方科研机构认为"产业技术创新联盟"和"科技成果转化中试中心"对研发有较大的促进作用，认为"融资平台"的作用相对弱一些。

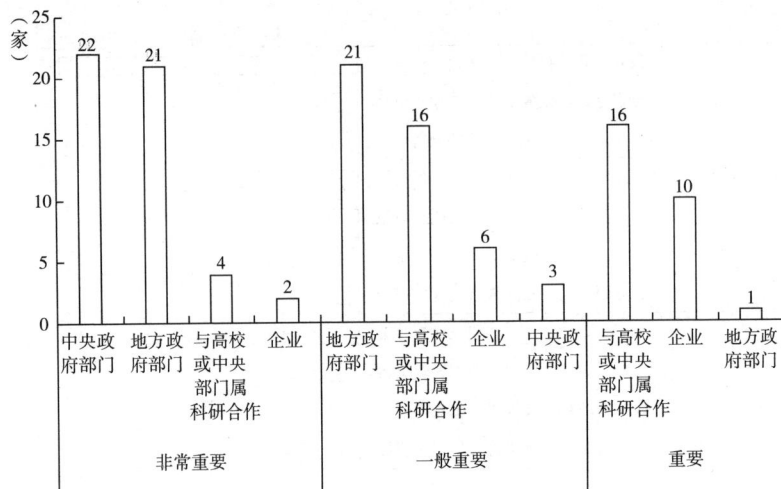

**图 19 吉林省地方科研机构获取项目渠道情况**

资料来源：作者自制。

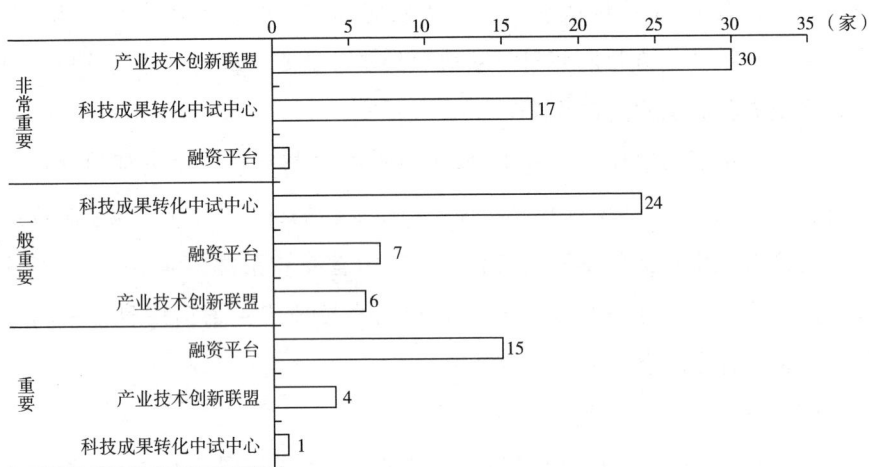

**图 20 吉林省地方科研机构认为对研发有促进作用的平台情况**

资料来源：作者自制。

## 4. 政策需求

### （1）现有政策实施情况

图 21 是吉林省地方科研机构关于现有创新政策实施中遇到的问题调查结果，在非常重要的选项中，各单位的选择较分散，有 16 家单位选择

"相关政策模糊，缺乏指导和咨询服务"，12 家单位选择"政策宣传普及力度不够"，9 家单位选择"'重制定，轻落实'现象严重，实施细则缺乏"；在一般重要的选项中，有 18 家单位选择"相关政策模糊，缺乏指导和咨询服务"，12 家单位选择"政策落实流程过于烦琐"。

整体来看，"相关政策模糊，缺乏指导和咨询服务"是地方科研机构对现有创新政策实施情况的普遍印象，其次是"'重制定，轻落实'现象严重，实施细则缺乏"，创新发展的政策制定首先要考虑的应该是落地问题，明确细节，遇到问题及时制定细则，确保政策能够落地实施。另外，政策实施的过程要尽量简化，为科研机构减少时间成本，确保制定的政策有利于科研机构开展创新活动。

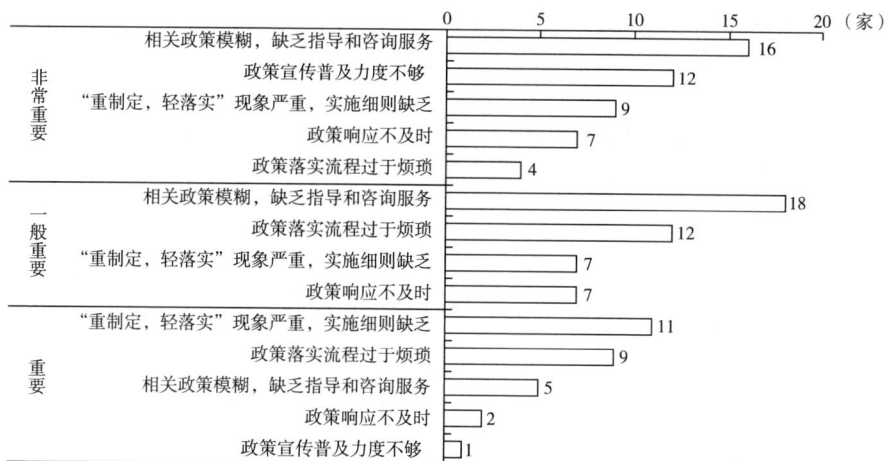

**图 21 吉林省地方科研机构关于现有创新政策实施中遇到的问题**
资料来源：作者自制。

（2）创新活动政策

图 22 是吉林省地方科研机构希望政府出台的创新活动政策情况调查结果，在非常重要的选项中，有 32 家单位选择"鼓励科研机构与企业联合创建创新中心，并给予一定的奖励支持"；在一般重要的选项中，有 35 家单位选择"鼓励科研机构成立科技成果转化机构，并给予经费支持"；在重要的选项中，有 26 家单位选择"支持科研机构职务科技成果权属所有

制改革，以共同知识产权方式赋予科研人员成果所有权，以激发科研人员创新活力"。地方科研机构在以上 3 项政策的选择较为均衡，都是地方科研机构认为比较重要的政策。

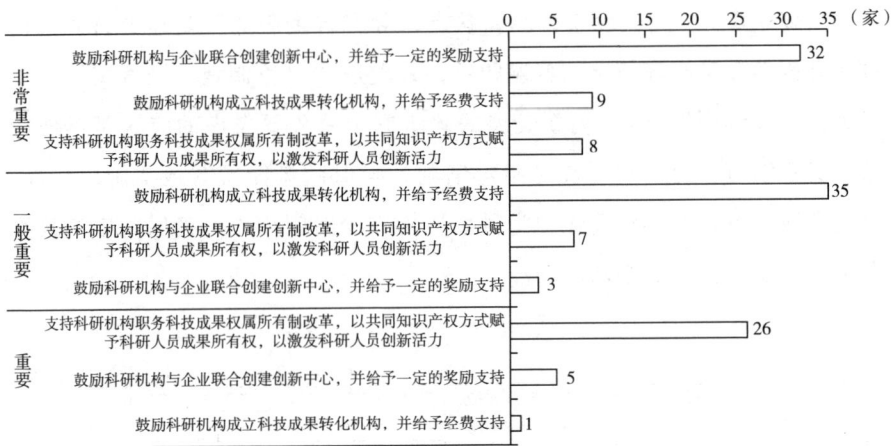

**图 22　吉林省地方科研机构希望政府出台的创新活动政策情况**
资料来源：作者自制。

（3）其他政策

调查问卷最后设计了一个开放性问题"在创新活动中，您对政府还有哪些政策、制度方面的需求？"49 家地方科研机构提出的政策总结如下。

人才相关政策：创新活动中，人才至关重要，现阶段，东北地区人才流失严重，政府应该在科研人员职称评定、科研人员奖励等方面出台鼓励政策，并对政策的及时落地予以监督保障，以提高科研人员创新积极性。

资金相关政策：加大财政资金支持，并且资金需要及时到位；在费用报销方面，简化报销材料、程序，让科研人员把精力能够更多地投入科研工作中。

政策实施：针对地方科研机构，出台有针对性的政策，切实解决重点问题。在制定政策前，政府可以委托具有研究能力的科研机构进行前期的调研和撰写可行性分析报告，结合可行性分析报告出台相关政策。并且，出台的政策要具有可操作性，政策细则明晰，遇到问题可以及时响应，确保落地快、见效快。

## （三）需求分析总结

### 1. 人才需求方面

人才是创新活动的主体，从需求问卷可以看出：高学历高职称人才、行业领军人才更受欢迎；对引进人才和留住人才更具吸引力的是良好的薪资待遇、人才培养政策和好的科研环境；人才培养方式中专业技能培训更受重视。

### 2. 资金需求方面

资金是科研机构进行创新活动的保障，从需求问卷可以看出，科研人才培养和项目研发需要资金；科研机构对提高项目绩效分配自主权更在意；对科技成果转化资金方面的需求更迫切的是设立财政性科技成果转化专项资金。

### 3. 平台需求方面

平台对于科研活动来说，是一个比较广泛的概念，可以说是科研机构从事创新活动的主要渠道，从需求问卷可以看出，地方科研机构获取项目的渠道更希望是政府部门，其次是和高校或中央部门属科研机构合作，对和企业合作意愿不强烈；大多数单位认为"产业技术创新联盟"和"科技成果转化中试中心"对研发有较大的促进作用。

### 4. 政策需求方面

科研机构创新能力的提升不仅需要自身采取措施，更加需要相关政府部门制定出台系统性、全面性、有针对性的政策。从需求问卷可以看出，政策实施过程要简化、尽快落地，有问题尽快制定细则；更希望政府主导支持建立创新中心、成果转化机构，支持科研人员获得成果所有权。

从以上需求分析可以看出，地方科研机构与国家级科研机构在人才、软硬件设施等方面没有可比性，同台竞争项目不公平，科研项目分配应该适当考虑这一情况；公益性科研机构，更需要政府部门扶持，应该出台明确的鼓励政策，激发公益类科研机构科研人员的创新活力。

# 五 促进地方科研机构创新发展的对策建议

结合吉林省地方科研机构发展面临的问题，以及本省创新发展对地方科研机构的需求，本文从中央、地方、机构三个层面分别提出以下建议。

## （一）中央层面

### 1. 有针对性的人才专项补贴

创新活动中人才至关重要，留不住人和引不来人是制约东北地区创新活动开展的重要症结，国家政策通常是指导性的，建议国家在制定人才政策时，可以针对东北地区形势特事特办，每年给吉林等省份人才专项补贴，专门用于振兴东北地区人才建设。

### 2. 鼓励中央与地方的合作，促进地方科研机构发展

立项倾斜：国家级项目在立项时与地方科研机构合作的，给予优先立项等支持。

资金支持：对与地方科研机构合作的央企、中央部门属科研机构、省（部）属高校等，给予补贴、奖励等特殊资金支持。

## （二）地方层面

### 1. 保证创新政策落实到位，加强宣传解读和细则制定

近年来，为了推进地方科研机构的改革创新，进一步提升科研机构科技创新和成果转化能力，吉林省出台了很多促进地方科研机构自主创新、产学研合作、人才奖励等方面的政策，但是也有基层科研人员反映，政策不能及时被了解，内容理解也不准确，不能及时受益，好政策还需要能够实行并获得普惠的效果，这种情况就需要地方政府部门加大政策宣讲力度，通过专家全省深入宣讲解读，并在网站、微信平台等公共媒体上设专栏进行详细解读和推介。

另外，创新政策出台后，相应的配套政策也要及时制定，最好能够设立监督机构或者建立政策评估机制，及时了解和总结政策实施中的效果和

部分政策落地难的症结所在，通过实施细则等方式进一步完善相关创新政策。

2. 地方政府要继续加大科研机构改革力度，增强机构创新活力

对于在前期科研机构改革中，没有完成转制的机构，针对个体分析转制停滞的原因，找出共性问题和个别差异性问题，提出解决方案，并以此为契机，政府应加大对行业共性技术研发支持力度，赋予科研机构相应的职能，指出科研机构的发展方向①，解决部分地方科研机构主业不突出等问题，令机构重换新颜，激发全新活力。

3. 以地方政府部门为主导，加强协同创新平台建设

由地方政府部门出面主导成立协同创新平台，协调地方科研机构和中央部门属科研机构，地方科研机构与高等院校、企业等创新主体之间的合作，从而以中央部门属科研机构的科研、人才、成果优势，带动地方科研机构的优质资源，促进不同创新主体之间的技术研发、资源共享、成果推广等的交流，打破地方科研机构闭门造车的尴尬局面，形成科研成果的有序流动，实现科研资源的最佳配置。

## （三）机构自身：针对问题，加强管理

1. 树立品牌意识，突出主业

部分地方科研机构在行业、产品、市场、技术等一系列战略定位上过于宽泛或模糊，制约了核心能力的培养，使原有科研人才、科研储备等优势逐渐下降，部分机构处于低层次、小规模的发展状态，缺少核心产品，发展缓慢。这类机构应该明确功能定位，确定科研布局，找出自身适合地方经济发展的领域优势，确定首要的利益目标，合理配置资源，改变急功近利的状态，打造品牌突出主业，以发展的眼光解决地方科研机构社会目标和经济目标冲突的问题。

2. 健全科研管理机制，激发科研人员创新潜能

正确有效的科研管理机制对科研工作能够产生很大影响，能够充分发

---

① 何谓、张晶：《地方科研院所体制改革的问题与建议》，《经营与管理》2015年第12期，第79~80页。

挥科研人员的主观能动性，使其全心全意投身于科学研究。

过去的科研管理体制以"管"为主，现在应该"管、理"并重，而以"理"为先，健全科研管理机制，首先，科研管理人员要树立服务意识，提高服务水平，多为科研人员着想，为科研人员创建宽松和谐的科研环境；其次，对外要积极了解政府人才激励政策、创新发展政策，对内及时制定机构绩效评价机制，创造各种提升科研人才素质的机会，激发科研人员创新潜能；再次，了解市场需求，引导科研人员关注研究成果的经济和社会价值，使其研究内容更具有针对性，促进科学研究向更深层次迈进。

3. 设立专门的科技成果转化部门

每个机构都应当设立专门的科技成果转化部门，培养专业的成果转化推广人员，为本机构内的科研成果提供规范的专业化的成果转化服务，完成科研机构与外部平台的对接；要以发展的眼光给予科研人员专业意见，为科研人员的创新方向提供新的思路。

# Research on Service Innovation and Development of Local Scientific Research Institutions in Jilin Province

*Zhang Ke    Liu Jingyan*

**Abstract**：As an important component of the regional innovation system, local scientific research institutions are driving force to local scientific and technological innovation. They have abundant scientific research resources and make important contributions to the economic development and technological progress of Jilin Province over the years. This article mainly analyzes the current situation and characteristics of innovation activities in local scientific research institutions in Jilin Province to identify problems. A questionnaire survey is conducted to investigate and summarize the needs of local scientific research institutions, in order to propose countermeasures and suggestions for promoting the innovative development of service provided by local scientific research institutions in Jilin Province.

**Keywords**：Regional Innovation；Local Research Institutions；R&D Activities

# 二 地区报告

# 长春市科研机构创新发展能力分析

赵丹丹　黄嘉俊[*]

**摘　要：** 科研机构不仅是科技创新的核心主体，也是政府在协调社会发展过程中不可或缺的基础支撑力量。本文以 2022 年度科学研究与技术服务业事业单位调查数据为基础，对长春市科研机构发展的现状以及存在的问题进行分析，提出相应的对策及建议，以期为科技管理部门及长春地区科研机构未来发展提供参考。

**关键词：** 科研机构；经费投入；科技成果转化

科研机构是推进科学探索和技术创新的关键平台，也是构成国家创新体系的核心部分之一，作为基础性的科技力量，科研机构对于促进各地区科技与经济社会的密切结合发挥着不可或缺的科技支持作用。为全面了解长春地区科研机构发展现状，强化科研机构管理和服务、推进科研机构改革发展，本文以 2022 年度科学研究与技术服务业事业单位调查数据为基础，对长春市科研机构的创新发展现状、创新发展中存在的问题及对策展开研究，旨在为长春市创新发展决策提供有力支撑和依据。

---

\* 赵丹丹，长春市科技信息研究所，助理研究员，主要研究方向为区域创新与科技统计；
黄嘉俊，长春市科技信息研究所，研究实习员，主要研究方向为区域创新与科技统计。

# 一 长春市科研机构发展概况

## （一）机构与人员概况分析

截至 2022 年，长春市有科研机构 67 家（见图 1），有开展 R&D 活动的 32 家。按机构隶属关系分，中央部门属 9 家，省级部门属 48 家，副省级部门属 10 家[①]。按所属学科分，自然科学 9 家；农业科学 11 家；医药科学 1 家；工程与技术科学 30 家；人文与社会科学 13 家；其他事业单位 3 家。总量较上年减少 5 家，减少的原因主要是近年来科研机构管理体制改革和资源优化配置，使得部分科研机构分别转型为科技型企业、技术中介企业或归并到相关的企业集团中。此外，个别科研机构由于缺乏财政拨款和人员编制问题，难以维持正常运转，效益不佳，导致机构的存在变得不再必要。

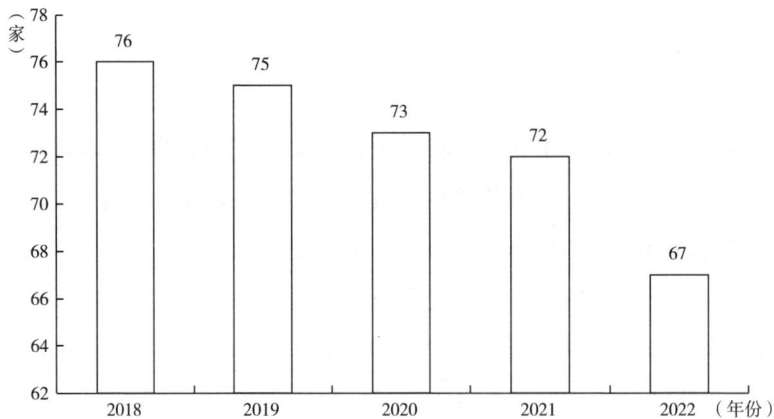

**图 1 2018~2022 年长春市科研机构数量**
资料来源：作者根据相关网站整理自制。

---

① 张明：《2013 年度天津市科学研究和技术服务业机构现状分析》，《天津科技》2014 年第 12 期，第 53~55 页。

在科研机构减少的同时，从事科技活动的人员也有所减少，2022年长春市共有科技活动人员8690人，较上年减少1.52%。其中，具有博士学位的有1875人，占比为21.58%，比上年减少62人；具有硕士学位的有2601人，占比为29.93%，比上年减少41人。其中R&D人员折合全时当量比2021年上升2.13%；R&D全时人员比上一年增加12.61%；R&D研究人员全时当量比上一年增加3.93%，根据数据不难看出虽然从事R&D活动的人员有所增加，但总体规模在副省级城市中并不大。

从长春市科研机构的R&D人员学历构成来看，博士学位的有2843名，占比达到32.29%；硕士学位的有2596名，占比为29.49%。根据R&D人员全时当量的活动分布情况看，基础研究投入为2663人年，应用研究投入为2135人年，试验发展投入达到了2676人年。显然，研发人员在基础研究和试验发展这两个领域投入较多。

整体上看，长春市科研机构总量降幅较大，从事R&D活动的科研机构数量也有所下降，不过这一减少幅度相对较小。虽然机构数量减少，但各类研究人员总量并未出现大幅下滑，整体研究能力反而得到了巩固和增强。尽管如此，长春市科研机构的人才资源拥有量仍需进一步扩充，尤其是高层次人才的数量较上年相比还是有明显的下降[①]。

## （二）经费资源分析

科研机构主要是根据科技发展战略、围绕经济和社会发展的重大需求及科学技术前沿问题开展基于公共利益的基础性、公益性和战略性的研究，政府资金在科技经费活动收入中所占比例逐年递增，已经成为科研机构科技经费收入总额的主要来源。2022年长春市科研机构科技活动收入额为69.62亿元，比上年增加了3.05亿元，较上年增长4.58%。其中，政府资金58.05亿元，在科研机构科技活动收入中占比为83.38%。

在R&D经费投入方面，2022年长春市科研机构R&D经费投入为

---

① 刘毅：《广东科研院所R&D投入与产出分析》，《广东行政学院学报》2012年第5期，第73~78页。

55.23 亿元，较上年减少 0.93 亿元，2018～2022 年年均增长率达 1.72%。R&D 经费投入相对缓慢，增速低。从经费活动类型看，基础研究投入 12.12 亿元，占比 21.94%，应用研究投入 12.55 亿元，占比 22.72%，试验发展投入 30.56 亿元，占比 55.33%。从经费来源结构看，政府资金为 44.18 亿元，占比为 79.99%，企业资金为 10.22 亿元，占比为 18.50%，国外资金为 0.0361 亿元，占比为 0.07%，其他资金为 0.7955 亿元，占比为 1.44%。不难看出 R&D 经费投入主要来自承担政府科研项目获得的政府经费以及政府的事业拨款。

在课题经费投入方面，长春市科研机构科技经费主要用于 R&D 活动、成果推广与应用和科技服务等方面。2022 年课题经费投入为 32.30 亿元，比上年减少了 5.23 亿元。R&D 课题经费投入为 31.1 亿元，占课题经费投入的 96.28%，课题投入人员折合全时当量为 7135.7 人年，其中 R&D 课题投入人员折合全时当量为 6237.1 人年；人均课题经费为 45.26 万元/人年，比上年减少 8.73 万元/人年；人均 R&D 课题经费为 49.86 万元/人年，比上年减少 10.55 万元/人年。

### （三）专利、论文及其他科技产出

2022 年长春市科研机构专利申请受理数 1401 件，较上年增长 5.74%，其中发明专利 1283 件，占比为 91.58%；专利授权数 955 件，其中发明专利 833 件，占比 87.23%，国外授权 10 件。全年共发表科技论文 3677 篇，其中国外发表 2523 篇，较上年分别下降 11.74% 和 1.56%；出版科技著作 57 种，较上年下降 24%。

## 二　长春市科研机构在全省的位置

2022 年，吉林省共有科研机构 111 家，其中，长春市 67 家，占比为 60.36%；中央部门属科研机构 9 家，其中中国科学院属 4 家，分别为中国科学院长春光学精密机械与物理研究所、中国科学院国家天文台长春人造卫星观测站、中国科学院东北地理与农业生态研究所、中国科学院长春应用化学研究所。其余 4 家为自然科学和技术领域的科研机构，1 家为检验检疫服务机构。

2022 年吉林省科技活动人员 10618 人，长春市 8690 人，占比为 81.84%；全省 R&D 人员 9833 人，长春市 8804 人，占比 89.54%。

2022 年吉林省科技活动收入和 R&D 经费内部支出分别为 73.88 亿元和 57.15 亿元，长春市占比分别为 94.23% 和 96.64%。论文、著作及其他科技产出占比也均达到 90% 以上，远高于省内其他地区。

从吉林省科研机构科技资源分布情况不难看出，长春市科研机构的科技实力和在全省科技创新中的重要地位。相较省内其他城市而言，长春市科研机构的原始创新力较强，在基础研究方面有着较为明显的优势。

## 三 长春市科研机构创新发展中存在的问题

### （一）科技资金投入结构不合理

近年来，随着科技资金投入政策体系初步形成，政策手段多样化，投入主体多元化，科技投入力度持续加大，地区科研机构 R&D 经费规模稳步提升。但长春市科研机构的经费投入主要还是以财政投入为主，2022 年长春市科研机构 R&D 经费投入为 55.23 亿元，其中，中央部门属 R&D 经费投入为 47.91 亿元，占科研机构 R&D 经费投入总额的 86.75%，非中央部门属科研机构经费投入规模小，占比低，研发能力薄弱。从经费来源看，政府资金 44.18 亿元，占比为 79.99%，且经费来源以中央财政为主，地方财政参与度极低。从活动类型看，R&D 经费投入中基础研究投入几乎全部来自中央部门属科研机构，其他非中央部门属科研机构的投入主要集中于试验发展活动上，体现新知识和原创水平的基础研究和应用研究经费占比低。

### （二）科技人才流失

通过 2022 年科研机构年报数据不难看出，科技活动人员中高层次人才流失比例较大，与上年同期相比，博士减少 62 人，硕士减少 41 人。造成人才流失的因素是多方面的，其中关键在于未能构建一个促进人才创新与成长的环境，未能提供一个让人才施展才华的平台，或因管理不善导致未能合理使用人才①，使得人才的作用无法得到有效发挥，继而造成人才的价值也无法得到充分的体现和认可，这成为人才流失的核心原因。

### （三）科技成果转化效率低下

科研机构的市场需求导向性不强，存在"重立项、轻研究"和立项重点不突出等问题，以及"刷论文、双项目"式的科研现象，忽视了科研成果与社会需求的匹配度及其市场转化的能力。科研选题来源往往更侧重追踪科学前沿趋势以及自身的学术积累，对市场需求的了解不够深入，也缺乏与企业进行有效交流的途径。

科技成果转化资金不足，科研机构的资金主要来自财政拨款，但政府的科技投入有限，对科技成果转化的支持力度仍需加强。此外，科研机构产出的科技成果往往成熟度不高，不适合直接应用于一些产业。企业作为科技成果转化和推广应用的主体，往往缺乏强有力的科研力量作为支撑，尤其是中小企业对技术消化吸收和改进能力薄弱。同时，科研机构研究课题往往偏于理论和学术，即使科研机构有意愿推动成果走向实际应用，也因为缺乏后续中试、熟化经费和平台支持而难以为继，无法进行高质量的技术落地与转化。

科研机构在科技成果转化服务方面存在一定的局限性。科研机构内部设立成果转化服务部门的能力不强，目前多数科研机构成立的科技成果转化部门或机构，缺少专业的科技成果转化中介和技术经纪人团队。在实际活动的开展中，科研处、科技处、办公室等原有科研管理部门"套牌"运作，导致大多数科研机构并不具备市场化、专业化的成果管理和运营能力。科研机构普遍缺乏既懂科研又懂市场，兼具政策、法务、谈判、知识

---

① 张丽琴：《省属公益类科研院所推动科技创新发展的思考及建议》，《计量与测试技术》2022 年第 1 期，第 105～107 页。

产权等多方面知识能力的高素质专业服务人才。

### （四）信息资源沟通不畅，协同创新机制不活

高等院校、中央部门属科研机构、地方科研机构、企业之间缺乏有效的信息沟通平台，科研需求、技术供给、合作开发等信息传达不畅通。科研机构在开展协同创新工作中，还没有建立一套完整的目标任务、人员互用、设备共享、经费分配及绩效激励等评价考核体系，没能把相关人员、科研资源真正捆绑到一起，协同创新仍然处于初级发展阶段。

## 四 长春市科研机构创新发展建议

### （一）完善地方财政科技资金供给，持续提高财政资金使用效率

围绕科技创新需求完善资金供给，坚定不移地引导科技工作面向经济社会发展的方向。以产业链为核心布局创新链，依据创新链的需求完善资金链，通过合理配置资金链，进一步激发和促进科研机构创新链的完善和扩展。明确中央财政和地方财政的分工，发挥好地方政府主动，中央政府引导的作用，优化科技资源配置，注重发挥财政资金的杠杆作用，集中有限资金，引导金融支持科研机构创新，综合运用多种金融手段为创新服务。提高基础研究投入比重的同时要考虑地方财力，保持合理投入强度，确保"好钢用在刀刃上"，以此来提高各科研机构的科技投入力度，促进地方经济发展。

### （二）加速突破科研机构成果转化中的各类瓶颈与障碍

一是加快构建技术要素市场体系，引导科研机构针对市场需求进行科技研发，创新科研机构的组织结构以及项目资金来源机制。推动建立具备研发、转化、孵化和产业赋能等功能的新型研发机构，推动构建集研发、转化、孵化及产业赋能于一体的新型研发机构，积极承接服务于国家需求和经济社会发展的各类科研计划项目，为经济社会发展提供坚实的技术支

撑。优化科研项目体系，加强科研机构与地方经济社会发展的深度融合，充分释放科研机构的研究潜力，提升转化型科技项目的比重，同时在科研机构承担的应用和转化型科技项目中，设定与转化内容有关的考核指标，实施科技成果转化的激励措施。提高知识产权管理能力，加速建立和完善科研机构在专利申请前的评估机制，在确保科技成果知识产权质量的同时要将知识产权的创造与应用视为科研项目立项及验收的关键要素和评判标准。

二是建设概念验证中心，助力科技成果的"成熟"转化过程[①]。推动概念验证平台围绕特定产业领域，依托实力较强的科研机构梳理早期项目或概念验证项目，保证项目来源的稳定性，并聚焦地方重点产业的需求，引进具有高水平的运营主体、行业领军企业和投资机构，共同建立具有公共性、开放性和市场化特征的概念验证中心。构建以风险投资人和项目经理为核心的概念验证机制，协助科技成果完成可行性验证、原型产品的开发和市场潜力分析，根据产业和企业的需求，为实验室科研成果进行筛选和评估，起到"把关"的作用。

三是畅通院企合作机制。支持科研机构探索成果转化新模式，采取科技成果"先转化、后收益"的方式，先将科技成果转让（许可）给中小微企业，企业前期暂时不支付任何费用或只支付较低的成本费用，待产生效益后再按之前的合同约定支付费用，降低企业转化风险，提高企业承接科研机构科技成果转化的积极性，使科研机构与企业建立长期稳定的合作关系。

四是完善科技成果转化服务体系。建立多层次中介服务体系，根据市场需求拓展服务类型，创新服务形式。鼓励科研机构与地方政府及企业携手合作，创建专业且市场化的科技成果转化服务机构，或通过建立自己的技术转移公司等途径，提升科技成果转化的服务效能。推进科技成果转化公共服务平台的建设与功能升级，引导和支持社会投资建设和市场化运作

---

① 王伟华、陈媛、王福颖：《科技投入产出视角下山东省科研非企业科技活动单位创新能力分析》，《科技和产业》2023年第16期，第31~36页。

的第三方机构，利用自身优势，紧密联系地方产业需求，打造高效的协同转化服务体系，避免服务能力的低水平重复建设。加速培育具有高品质的中介机构和技术经纪人团队，提升中介机构的规范化水平，构建技术经纪人的培养和管理体系。鼓励有条件的科研机构开设科技成果转化相关课程，培育多层次技术转移人才，壮大科研机构科技成果转化服务人员队伍。

### （三）推进科研机构产学研深度融合

科研机构应主动适应经济发展新常态，推动跨区域产学研深度融合，以及共建载体、共享创新资源，实现产学研用结合的可持续发展。深化科研机构与高校、企业创新协同。坚持开放合作、企业主导，推动更高层次、更宽领域、更深程度的产学研协同。推进三方成立联合实验室，共同开展课题研究与人才培养，推动已有科技成果转化，依托现有各类园区，支持科研机构进入园区，建立成果转化基地，并联合上下游优势企业开展核心技术攻关与应用示范，完善产业链，培育市场[①]。

### （四）重视人才培养和引进

深化体制机制改革，明确发展战略定位、优化人才培养体系、引进和培育高层次人才、营造良好的人才发展环境，制定完善的培养计划，根据人才的不同特点和需求，制定个性化的培养计划，使人才在不同层面得到培养和提升。提供具有竞争力的薪酬待遇，以及合理的福利政策，另外可以通过设置奖励金、提供优质的科研资源等方式，增加人才的参与度和积极性，吸引更多优秀的年轻人投身科研工作中。注重培养跨学科的综合素质，可以与国内外知名高校、企业建立合作关系，为人才提供更广阔的科研合作和交流机会。简化人才引进流程，提高人才引进效率。

---

① 王雪莹、薛雅：《加快突破高校科技成果转化中的瓶颈问题》，《科技中国》2023年第9期，第41~44页。

# Analysis of the Innovative Development Capacity of Scientific Research Institutions in the Changchun

*Zhao Dandan    Huang Jiajun*

**Abstract**：Scientific research institutions not only serve as the core entities in technological innovation but also as an indispensable fundamental support for the government in coordinating social development. Based on the survey data of scientific research and technical service institutions in the fiscal year 2022, this paper analyzes the current state and existing issues in the development of scientific research institutions in Changchun City, and proposes corresponding countermeasures and suggestions. The aim is to provide a reference for science and technology management departments and the future development of scientific research institutions in the Changchun region.

**Keywords**：Scientific Research Institutions；Funding Investment；Transformation of Scientific and Technological Achievements

# 吉林市科研机构创新发展能力分析

王　娜　林烨楠[*]

**摘　要：**本文基于 2018~2022 年吉林市科研机构科技统计调查数据，对全市科研机构发展现状、创新能力及存在的问题进行分析并提出相应对策，以期科研机构能在科技创新系统中更好地发挥骨干引领作用。

**关键词：**科研机构；科技创新；创新能力

## 一　吉林市科研机构现状

吉林市现有科学研究和技术服务业单位 14 家，从隶属关系来看，中央部门属科研机构 1 家，为中国农业科学院特产研究所；省级部门属科研机构 3 家，分别为吉林省养蜂科学研究所、吉林省蚕业科学研究院和吉林省地方病第二防治研究所；市级部门属科研机构 10 家，其中部分机构主要业务方向已由早期的科学研究转为技术服务、技术推广、检验检测等，具有科学研究职能的机构现主要有吉林市农业科学院、吉林市林业科学研究院等。从科技活动的情况看，2018~2022 年，中国农业科学院特产研究所、吉林省养蜂科学研究所、吉林省蚕业科学研究院等 5 家科研机构有 R&D 活动。

---

\* 王娜，吉林市科技信息研究所，副研究员，主要研究方向为科技信息；林烨楠，吉林市科技信息研究所，研究实习员，主要研究方向为科技信息。

## （一）科技人才队伍情况

2022 年，吉林市 14 家科学研究与技术服务机构中，从事科技活动人员 949 人，占从业人员总数的 78%；其中本科以上学历人员 593 人，占从业人员总数的 49%，占比与上年基本持平。

一般而言，科技活动人员中，高级职称人员和高学历人员数量越多、占比越高，机构中人员的业务素质就越高，更有利于科技工作的开展。如图 1 所示，2018~2022 年，吉林市科研机构高级职称人员从 288 人增长到 308 人，增幅为 6.9%；如图 2 所示，硕士以上高学历人员从 2018 年的 303 人降至 2022 年的 276 人，降幅为 8.9%；如图 3 所示，高级职称人员占科技活动人员比例近 5 年呈现波动变化，但整体呈现上升趋势，硕士以上学历人员占科技活动人员比例 2020 年下降较为明显，此后 2021~2022 年较 2020 年呈波动性小幅上涨。一方面是由于 2018~2019 年吉林市科研机构总数为 15 个，2020 年机构撤并，机构总数降至 14 个，机构数量的减少导致人员有所变化；另一方面由于人才政策和激励机制不够完善，进而导致人才流失。

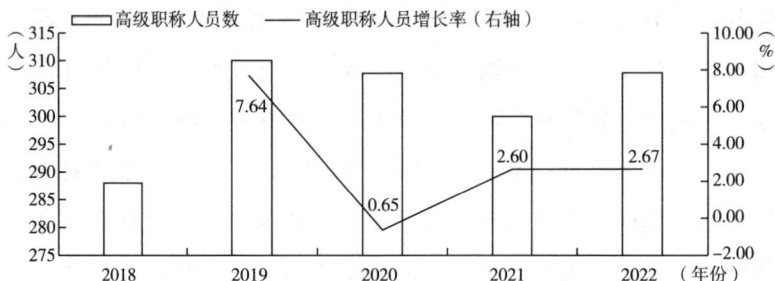

**图 1　2018~2022 年吉林市科研机构科技活动人员中高级职称人员数及其增长率**
资料来源：作者根据相关网站整理自制。

## （二）科技活动经费收支情况

如图 4 所示，2018~2022 年，吉林市科研机构经费收入总额从 40870 万元下降到 30628 万元，降幅为 25.06%，年均增长率为 −6.23%。其中

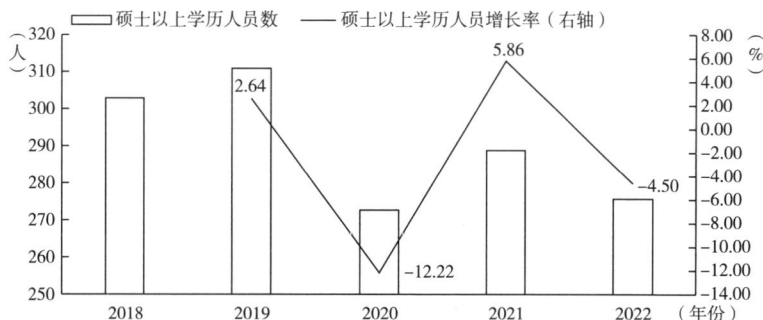

**图 2  2018～2022 年吉林市科研机构科技活动人员中硕士以上学历
人员数及其增长率**

资料来源：作者根据相关网站整理自制。

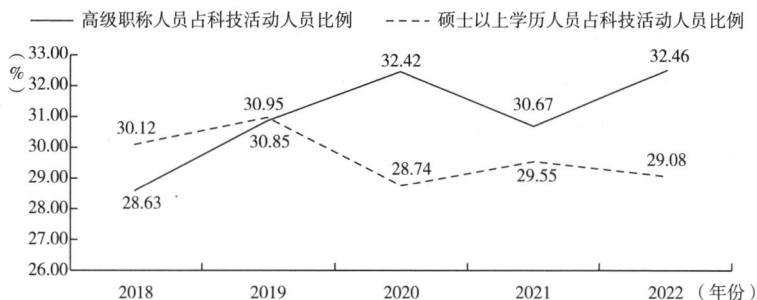

**图 3  2018～2022 年吉林市科研机构高级职称和高学历人员占科技活动人员比例**

资料来源：作者根据相关网站整理自制。

2019 年较 2018 年下降了 20.66%，降幅最大。2020 年以后变化幅度缩小，年增长率整体呈波动上升趋势，总体趋势向好。其中 2020 年和 2022 年为正增长，增长率分别为 0.79% 和 8.84%。

2018～2022 年，吉林市科研机构科技活动收入总额从 30523 万元下降到 26106 万元，降幅为 14.47%，年均增长率为 -3.22%。其中 2019 年较 2018 年降幅最大，下降了 19.80%。年增长率整体呈波动上升趋势，2020 年和 2022 年较上一年度均为正增长，增长率分别为 0.33% 和 9.55%。2022 年吉林市科研机构经费收入总额和科技活动收入年增长率均为正值且为近

5 年最高。

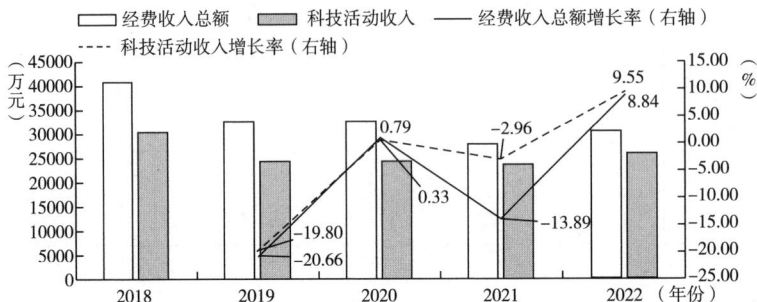

**图 4　2018~2022 年吉林市科研机构经费收入总额及科技活动收入情况**

资料来源：作者根据相关网站整理自制。

　　如图 5 所示，2018~2022 年，吉林市科研机构经费内部支出总额从 40506 万元下降到 29778 万元，降幅为 26.48%，年均增长率为-6.95%。其中 2019 年较 2018 年降幅最大，下降了 21.53%，2020 年以后变化幅度缩小，年增长率整体呈波动上升趋势。2022 年实现正增长，增长率为 1.35%。

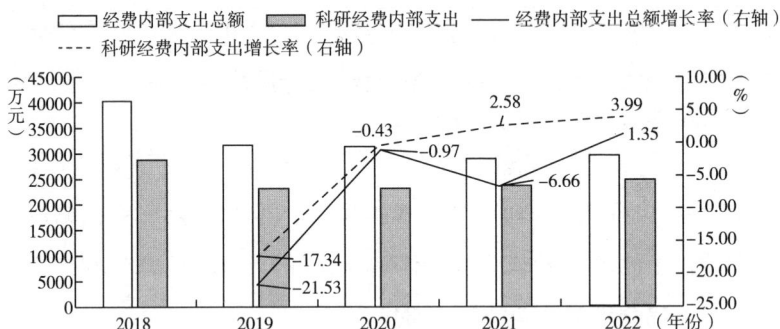

**图 5　2018~2022 年吉林市科研机构经费内部支出总额**
**及科研经费内部支出情况**

资料来源：作者根据相关网站整理自制。

　　2018~2022 年，吉林市科研机构科研经费内部支出从 28414 万元下降到 24947 万元，降幅为 12.20%，年均增长率为-2.8%。其中 2019 年较 2018 年降幅最大，下降了 17.34%，年增长率整体呈波动上升趋势。其中 2021 年和 2022 年较上一年度均实现正增长，增长率分别为 2.58% 和 3.99%。

2022 年吉林市科技机构经费内部支出总额增长率和科研经费内部支出增长率均为正值且为近 5 年最高。

## （三）创新投入情况

R&D 经费投入可以反映出科技创新的投入水平以及科技资源的分布情况，是衡量科技创新程度的重要指标。如图 6 所示，2018~2022 年，吉林市科研机构 R&D 经费投入从 16545 万元下降到 12778 万元，降幅为 22.77%，年均增长率为-12.53%。其中，2019 年较 2018 年下降较多，下降了 28.95%，此后 2020~2022 年，科研机构 R&D 经费投入小幅波动。在全社会研发经费整体下行的情况下，2021 年科研机构 R&D 经费投入降至最低 1.1 亿元，此后 2022 年为上升趋势且达到最高年增长率 15.46%。

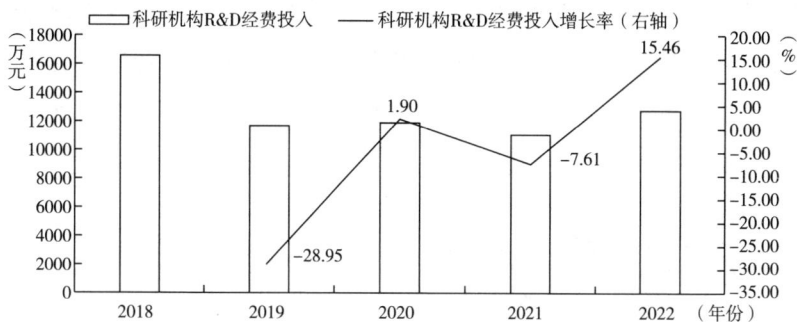

**图 6　2018~2022 年吉林市科研机构 R&D 经费投入及其增长率**
资料来源：作者根据相关网站整理自制。

如图 7 所示，2018~2022 年，吉林市科研机构 R&D 人员折合全时当量从 530 人年下降到 424 人年，降幅为 20%，呈逐年下降趋势，年均增长率为-5.43%。

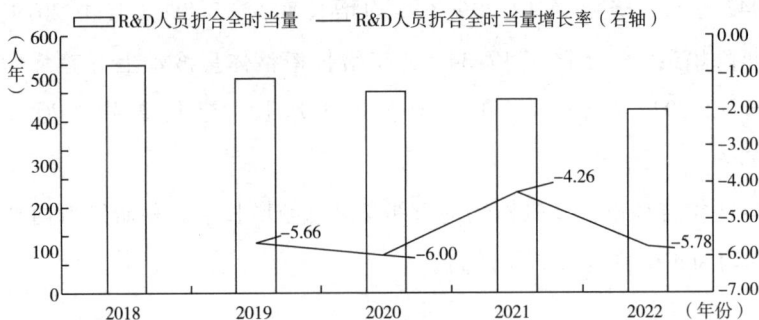

**图 7  2018~2022 年吉林市科研机构 R&D 人员折合全时当量及其增长率**
资料来源：作者根据相关网站整理自制。

　　如图 8 所示，2018~2022 年，吉林市科研机构科技课题数量和 R&D 课题数量总体呈现下降趋势，其中 2019~2021 年，科技课题数量和 R&D 课题数量表现相对平稳，2022 年课题数量减少比较明显。R&D 课题数量与 R&D 人员折合全时当量变化趋势较一致，都呈现整体下降。通过调查了解，吉林市科研机构科技课题的主要来源为吉林省农业农村厅、省科技厅、省畜牧业管理局、省中医药局和吉林市科技局等。近年来项目数量整体减少的原因：一是省级项目整体立项数量有所减少，且省级项目限制申报人在研项目数量，使得项目申请难度加大；二是市级项目受财政情况影响拨款慢、积压严重导致科研人员申报积极性减弱，且 2022 年吉林市科技局没有发布立项指南也是导致新课题申请数量减少的因素之一。

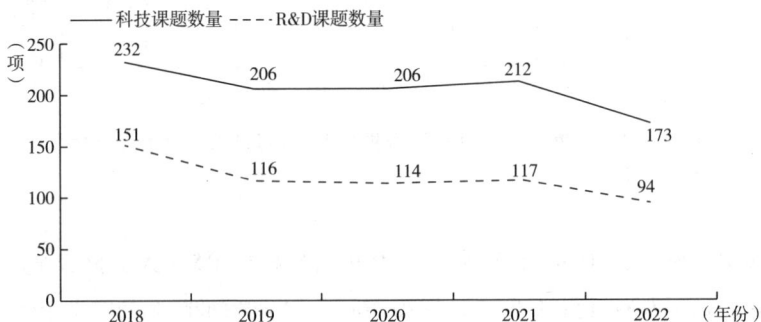

**图 8  2018~2022 年吉林市科研机构科技课题数量及 R&D 课题数量情况**
资料来源：作者根据相关网站整理自制。

## （四）创新产出情况

如图 9 所示，2018~2022 年，吉林市科研机构专利授权数量和发明专利数量整体都呈现增长态势，且在 2019~2021 年增长速度加快，仅 2022 年有所下降。

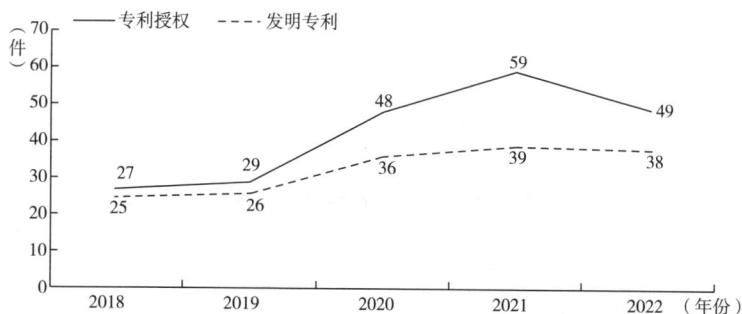

**图 9　2018~2022 年吉林市科研机构专利授权数量及发明专利数量**
资料来源：作者根据相关网站整理自制。

如图 10 所示，2018~2022 年，吉林市科研机构科技论文数量整体表现比较平稳，只有 2019 年论文产出较多，突破了 400 篇。而 2021 年和 2022 年分别为 270 篇和 252 篇，不及 2018 年的 291 篇。

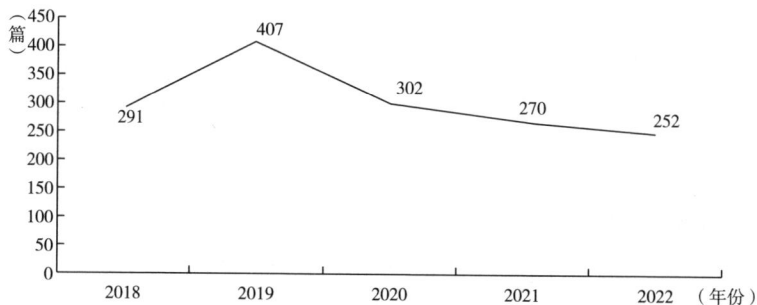

**图 10　2018~2022 年吉林市科研机构科技论文数量**
资料来源：作者根据相关网站整理自制。

如图 11 所示，2018~2022 年，吉林市科研机构科技著作数量波动较

大，2018～2020 年逐年增长，在 2020 年达到峰值 12 种之后下降趋势明显，
2021 年和 2022 年产出著作数量较少，分别为 1 种和 2 种。

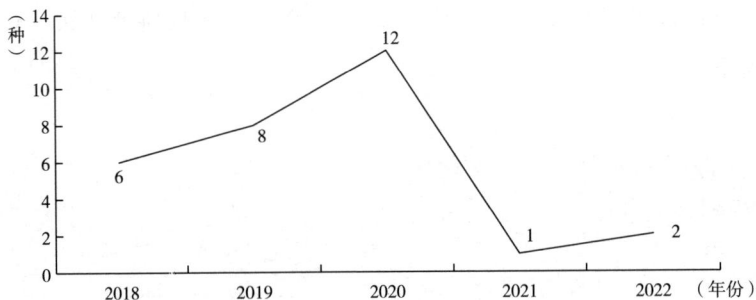

**图 11　2018～2022 年吉林市科研机构科技著作数量**
资料来源：作者根据相关网站整理自制。

## 二　吉林市科研机构人均经费投入在全省的位置

2022 年全省科研机构人均科技经费投入为 65.89 万元，如图 12 所示，
仅长春市达到全省平均值以上，其他地区与长春市差距明显。吉林市虽位
列省内第二，但科研机构人均科技经费投入为 26.29 万元，仅约为长春市
的 1/3。

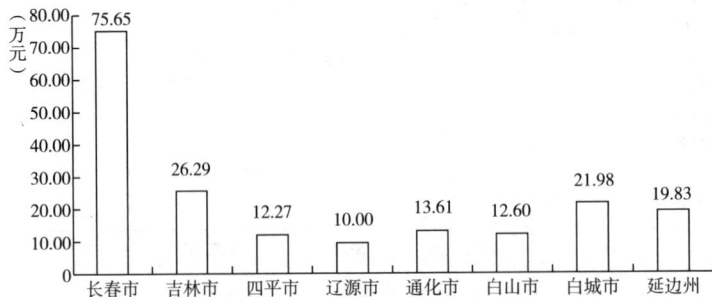

**图 12　2022 年吉林省各市（州）科研机构人均科技经费投入**
资料来源：作者根据相关网站整理自制。

如图 13 所示，2022 年全省科研机构人均 R&D 经费投入为 53.82 万元，与人均科技经费投入情况相同，除长春市以外，其他市（州）普遍投入较低，与长春市有着极大差距。吉林市科研机构人均 R&D 经费投入仅约为长春市的 1/5。

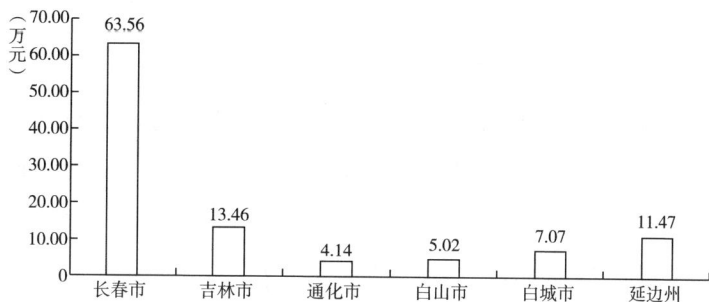

**图 13　2022 年吉林省各市（州）科研机构人均 R&D 经费投入**
资料来源：作者根据相关网站整理自制。

## 三　存在的问题

1. 机构存量偏少，总体创新基础薄弱

吉林市共有科研机构 14 家，远低于长春市的 67 家，与全省平均数相当。整体上创新基础薄弱，科研条件有待改善，高层次人才和团队缺乏，部分机构难以承接国家级和省市级重大科研项目。

2. 科研投入不足，资金短缺

2018~2022 年吉林市科研机构科技活动收支不断下降，相对于科技的快速发展和科研需求的提升，资金短缺限制了科研机构购买先进设备、引进优秀人才和开展大规模实验的能力。2022 年，吉林市 R&D 经费投入 10.87 亿元，科研机构 R&D 经费投入 1.28 亿元，占全社会 R&D 经费投入比例为 11.76%，占比有待提高。

3. 投入产出效果有待提高

多数科研机构成果仍然集中在论文、专著等知识性产出方面，专利和非专利技术性收入等产出普遍较少。而且 2021~2022 年，科研机构论文、专著产出较前几年均有不同程度的减少。

4. 市场化服务能力不足

在 14 家机构中，2022 年只有 1 家机构有专利转让及许可收入，且收入水平较低。仅有的 1 家机构年专利转让及许可收入为 6 万元，只占单位当年总收入的 2.6%。

5. 人才流失严重且培养不足

由于待遇、工作环境等原因，一些优秀的科研人才可能流向域外或其他行业，机构在人才培养方面可能存在机制不完善、资源不足等问题，难以培养出具有竞争力的创新型人才。在 14 家机构中，现仅有 1 家部属单位拥有研究生培养资格，2022 年培养博士生 6 人，培养硕士生 23 人。

6. 科技成果转化能力较弱

一是高端科技成果不多，各科研机构能够转化为现实生产力的科技成果有限，获得省级以上科技奖励的相对较少；二是技术储备不足。表现为知识产权少，实用性不高、难转化；三是产学研合作少、层次低。产学研合作的单位大多是大学，与企业合作少，且在产学研合作过程中，合作单位主动性不强、政府牵引力度不够、中介机构参与不足。科技成果转化服务体系不完善，缺乏专业的转化机构和人才，也导致科研成果转化效率低下。

# 四　对策建议

提升科研机构存量、积聚科研机构增量，巩固提升现有科研机构实力。在当前事业单位改革的背景下，新建政府部门属科研机构的可能性越来越小。因此应当培育并支持建设一批具有市场运作、开放协同的新型研发机构，提升吉林市科研机构总体研发实力。

省市财政持续稳定加大对科研机构的支持力度。扩大财政资金的支持额度和支持范围，不断改善科研机构的科研条件，完善科研机构的创新环境，切实提高科研机构创新能力。加大科研投入，提高用于研发活动的资金比例，以便更好地推动科技创新实践。

调整财政资金支出结构，将更多的资金用于科技创新。受经济下行压力的影响，各级财政收入趋紧，只有调整资金支出结构，更多地用于创新，才能有效实施创新驱动发展战略，助力实体经济水平提升。长期以来，吉林市科研机构的基本科研业务费和科研条件专项经费主要用于维持机构运行、科普等科技服务活动，真正用于研发活动的很少。应将这部分资金主要用于研发基础设施建设、人才培养等科研能力培育提升方面，促进这部分经费有效转化。

增强服务政府和服务企业的能力。科研机构应努力成为研发活动的主力军，增强承接政府谋划实施的重大科研项目的能力。围绕重点产业重点领域的主题专项和重点研发项目，通过实施项目提高产出成果。利用自身学科专业优势，建立面向行业的公共服务平台，为企业提供专业的共性技术服务。完善在创新创业领域的咨询服务，更好地为广大企业特别是科技型企业和高新技术企业服务。实现为政府分忧，为企业解惑。

加强人才培养，提高主体创新能力。制定科技人才培养规划，明确培养目标和路径，确保人才培养的连续性和系统性；实施交叉融合型科技人才培养行动，鼓励跨学科、跨领域的人才培养，提升科研人员的综合能力和创新能力；制定灵活的引才政策，提供有竞争力的薪酬待遇、良好的工作环境和发展机会，吸引优秀人才加入；鼓励科研人员团队协作，提升团队整体业绩和效益。

深入产学研合作，推动成果转化。科研机构应通过签订合作协议、共建研发平台等方式主动与企业、高校等建立紧密的合作关系，实现资源共享、优势互补；设立专门的技术转移机构或部门，负责成果的评估、包装、推广和转化工作，并采用多种转化模式，根据成果特点和市场需求灵活选择；建立健全的知识产权保护体系，确保科研成果在转化过程中不受到侵权行为的影响。

未来，吉林市科研机构应继续坚持创新驱动发展战略，不断提升自身创新能力和水平，继续加强与域内外优势资源的整合，形成更加紧密的科研协作网络。完善科技创新政策体系，注重培养创新型人才和团队，更好地在科技创新系统中发挥骨干引领作用。

## 参考文献

潘宇涛：《黑龙江省省属科研机构职责定位思考》，《黑龙江科学》2023 年第 19 期。

于润泽、张经强：《我国科研机构科技创新能力评价研究》，《中国市场》2022 年第 22 期。

陶林、郭海林、宋群、金玉英：《毕节市科研院所创新能力分析——基于 2019 年毕节市科研院所科技活动调查数据》，《贵州工程应用技术学院学报》2021 年第 2 期。

曾琼、邢乐斌、朱迎春：《重庆市科研机构创新能力评价分析》，《中国科技资源导刊》2019 年第 4 期。

张宏丽、曾凯华、郑秋生：《新形势下广东主体科研机构创新能力建设研究》，《科技与经济》2017 年第 3 期。

王虎羽、张彩娜：《2008 年宁波市市级科研机构创新能力分析》，《浙江万里学院学报》2009 年第 5 期。

# Analysis of Innovation and Development Capability of Scientific Research Institutions in Jilin

*Wang Na    Lin Yenan*

**Abstract**：This article is based on the statistical survey data of scientific research institutions in Jilin City from 2018 to 2022, analyzing the current development status, innovation capabilities, and existing problems of scientific research institutions and proposing corresponding countermeasures, in order to better play a leading role in the scientific and technological innovation system.

**Keywords**：Scientific Research Institution；Technological Innovation；Innovation Capabilities

# 通化市科研机构创新发展能力分析

王桂华　杨　芳*

**摘　要:** 本文通过对吉林省通化市 2022 年科研机构现状的阐述, 对 2018~2022 年通化市科研机构从事科技活动的人员、经费、R&D 情况及产出等主要指标进行纵向分析, 并与全省各同级市 (州) 相关指标进行横向对比, 全面探讨和研究通化市科研机构的发展现状及问题, 并提出促进通化市科研机构创新发展的相关对策和建议。

**关键词:** 科研机构; 创新; R&D 人员; R&D 经费

我国从事科技创新活动的主体主要是企业、高校和科研机构。而科研机构作为创新活动的主体之一, 主要承担着一个区域的基础性、前沿性、战略性方面的研究, 重点是服务于区域社会经济的发展, 其在地方科技创新活动中具有独特的、不可替代的作用①。本文主要以全国科技统计年报科学研究和技术服务业的非企单位 (以下简称 "科研机构") 调查数据为基础, 对吉林省通化市的科研机构创新活动的基本情况进行分析, 希望通过横向 [各同级市 (州) 数据] 和纵向 (2018~2022 年通化市科研机构数据) 的比较分析, 找出通化市科研机构存在的问题, 并提出改善通化市科

---

* 王桂华, 吉林省科学技术信息研究所, 研究员, 主要研究方向为科技统计分析; 通讯作者: 杨芳, 吉林省科学技术信息研究所, 研究员, 主要研究方向为科技信息。
① 周舒敏、张威、王英辉:《地方科研院所改革现状及发展综述》,《科技创业月刊》2021 年第 4 期, 第 86~91 页。

研机构创新活动现状的对策和建议，进一步提升科研机构自身创新能力，承担起服务区域创新发展的使命。

# 一　通化市科研机构创新发展现状

## （一）总体概况

1. 机构数量没有变化，人员和经费有所减少

2022 年，通化市科研机构共 6 个，数量与上年持平，其中，按隶属关系分：省级部门属机构 1 个，市级部门属机构 4 个，县级部门属机构 1 个；从业人员 313 人，比上年增加 7 人，增长 2.29%；经费收入 4747 万元，比上年增加 426 万元，增长 9.86%。

2018~2022 年，通化市科研机构总体数量没有变化，保持 6 个；从业人员前 4 年呈下降趋势，从 2018 年的 360 人下降至 2021 年的 306 人，2022 年相比上年增加 7 人；经费收入以波浪曲线呈现，2018 年科研机构经费收入为 3861 万元，2019~2021 年从 5862 万元下降至 4321 万元，而 2022 年又回升至 4747 万元（见图 1）。

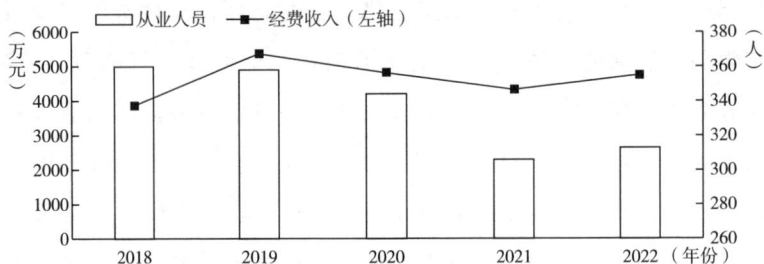

**图 1　通化市科研机构从业人员与经费收入对比（2018~2022 年）**
资料来源：作者根据相关网站整理自制。

2. 科技活动人员中高素质人员比例增加

2022 年，通化市科研机构科技活动人员 270 人，比上年增加 1 人；其中，按人员学历分，博士 1 人，硕士 64 人，本科 113 人，其他 92 人；按

人员职称分，高级职称 114 人，中级职称 72 人，初级职称及其他 84 人。

2018~2022 年，通化市科研机构科技活动人员数量整体呈下降趋势，从 2018 年的 321 人下降至 2022 年的 270 人。但是，从人员学历占比来看，博硕学历人员占比呈增长趋势，从 2018 年的 19.63% 增至 2022 年的 24.07%，提高了 4.44 个百分点；从人员职称来看，中高级职称人员从 55.14% 增至 68.89%，增长了 13.75 个百分点（见图 2）。

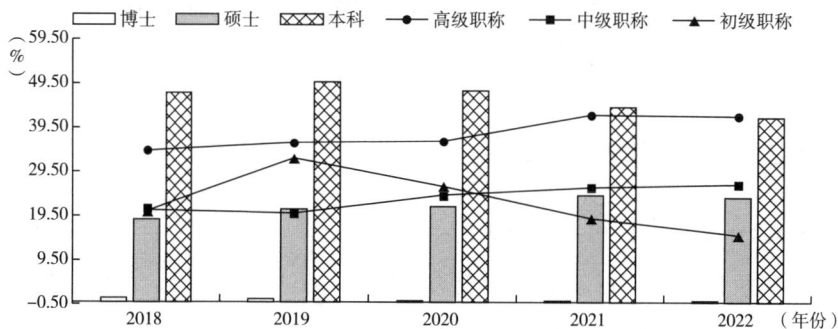

图 2　通化市科研机构科技活动人员按学历和职称分所占比例对比
（2018~2022 年）

资料来源：作者根据相关网站整理自制。

3. 科技活动收入以政府资金为主

2022 年，通化市科研机构科技活动收入 3794 万元，比上年减少 123 万元，下降 3.14%。其中，政府资金 3100 万元，比上年减少 555 万元，下降 15.18%；非政府资金以技术性收入为主，技术性收入 622 万元，比上年增加 360 万元。

2018~2022 年，通化市科研机构科技活动收入先升后降，2019 年最高为 4724 万元，比 2018 年增长 22.35%，之后三年呈下降趋势，2022 年比 2019 年减少 930 万元，下降 19.69%。其中，政府资金所占比例在 2020 年最高，达到了 95.75%，之后呈下降态势，2022 年占比为 81.71%。虽然政府资金占比呈下降趋势，但是通化市的科研机构主要科技活动收入来源仍为政府资金（见图 3）。

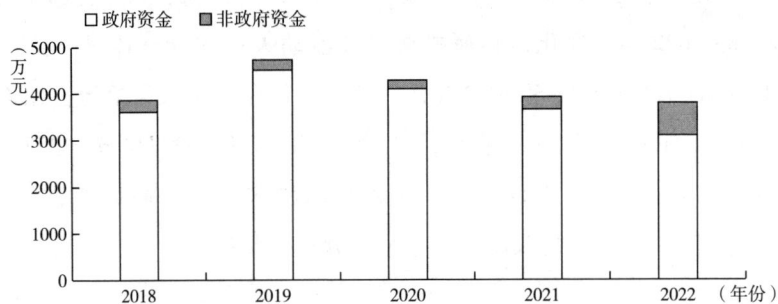

**图 3　通化市科研机构科技活动收入按资金来源分对比（2018~2022 年）**
资料来源：作者根据相关网站整理自制。

## （二）R&D 情况

**1. R&D 课题数呈现先增后降的趋势**

科研机构主要的创新活动表现为 R&D 活动，R&D 项目（或课题）是进行 R&D 活动的基本组织形式。

2022 年通化市科研机构共有 31 个课题，与上年持平。其中 R&D 课题数为 18 个，比上年减少 2 个，R&D 课题数占全部课题数比例为 58.06%，占比下降 6.46 个百分点。

2018~2022 年，R&D 课题数先升后降，从 2018 年的 26 个，提高到了 2020 年最高 31 个，之后逐年下降到 2022 年的 18 个。R&D 课题数的下降，说明通化市科研机构创新活动的活跃度降低（见图 4）。

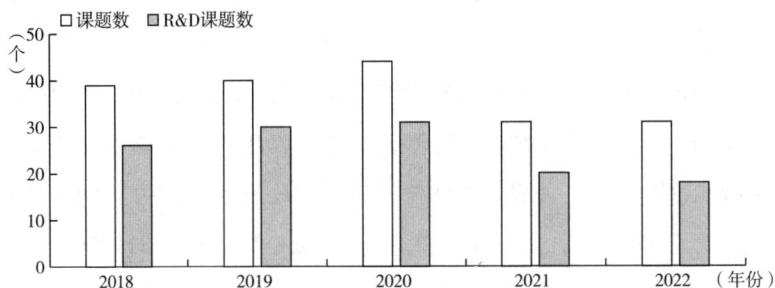

**图 4　通化市科研机构课题情况对比（2018~2022 年）**
资料来源：作者根据相关网站整理自制。

2. R&D 人员中博硕占比较高

2022 年，通化市科研机构参与 R&D 活动人员有 128 人，比上年减少 6 人，下降 4.48%；其中，博士 1 人，硕士 45 人，本科 42 人，博硕学历人数占比达 35.94%，比上年提高 1.61 个百分点。参与 R&D 活动人员的折合全时当量为 59.6 人年，比上年增加 2.3 人年，增长 4.01%。

2018~2022 年，参与 R&D 活动的人员和折合全时当量均以 2020 年为最高，分别为 154 人年和 97.6 人年。参与 R&D 活动的人员中代表高素质人员的博硕学历人数占比较高，五年平均占比达到了 34.08%。

3. R&D 活动以试验发展为主

R&D 按活动类型分为基础研究、应用研究和试验发展三种，基础研究和应用研究主要是扩大科学技术知识，而试验发展则是开辟新的应用，即对新材料、新产品、新工艺、新系统、新服务以及上述各项已有成果做出实质性的改进。通化市科研机构 R&D 活动以试验发展为主。

2022 年，通化市科研机构 R&D 经费投入为 1119 万元，比上年减少 181 万元，下降 13.92%。按活动类型分，基础研究 71 万元，应用研究 176 万元，试验发展 872 万；按资金来源分，政府资金 1110 万元，其他资金 9 万元。

2018~2022 年，通化市科研机构 R&D 经费投入前三年是增长态势，从 2018 年的 1843 万元，增至 2020 年的 2218 万元，随后下降，而且降幅较大，2022 年相比 2020 年下降 49.55%。通化市科研机构 R&D 经费投入主要用于试验发展，占比从 2018 年的 56.16% 增至 2022 年的 77.93%，五年平均占比 64.9%（见图 5）。

## （三）R&D 产出情况

R&D 产出包括的范围比较宽泛，表现为 R&D 活动所带来的新知识、新应用以及所引起的社会经济效应[①]。科研机构的产出主要以科技论文、专利为主。

---

① 《研究与试验发展（R&D）投入统计规范（试行）》（国统字〔2019〕47 号）。

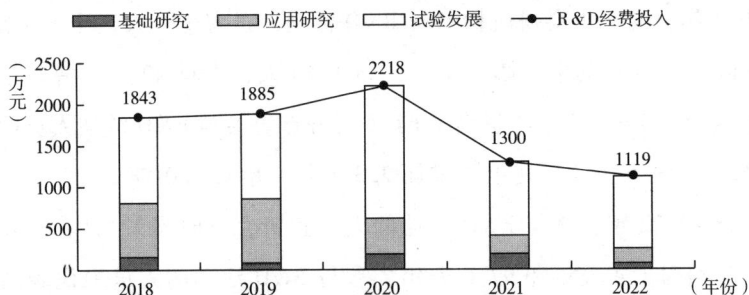

**图5 通化市科研机构 R&D 经费投入按活动类型分对比（2018~2022 年）**
资料来源：作者根据相关网站整理自制。

2022 年，通化市科研机构科技论文发表 31 篇，比上年减少 9 篇；申请专利 2 件，比上年增加 1 件；授权专利 2 件，比上年增加 2 件；拥有的有效发明专利总计 6 件。

从 2018~2022 年的统计数据来看，通化市科研机构 R&D 产出数量都很少，科技论文相对多些，但平均每年不到 40 篇；专利申请数平均每年不到 8 件，专利授权更是平均每年 1 件左右；总计 6 个科研机构拥有的有效发明专利数 6 件，1 个单位仅 1 件。

## 二 对比分析

吉林省按行政区划分共有 9 个地级市（州），由于松原市截至 2022 年底没有入统的科研机构，所以与另外 7 个市（州）所拥有的科研机构科技创新活动对比后发现，通化市科研机构创新活动表现中规中矩，R&D 人员和 R&D 经费总量数据均排在第 5 位。

### （一）人力对比

2022 年，通化市科研机构的科技活动人员占全省总数的 2.54%，低于长春、吉林和白城地区。R&D 人员折合全时当量占全省总数的 1.03%，仅高于白山市，低于长春、吉林、白城和延边地区（四平和辽源地区的科研机构没有 R&D 活动）。从 R&D 人力投入占科研机构从业人员比例可以看出一个地区的科研机构对创新活动的人力投入水平，如图 6 所示，通化市科研机构 R&D 人力投入占科研机构从业人员比例为 27.16%，仅强于白城市的科研机构。总体来看，通化市科研机构在创新人力资源投入方面表现一般。

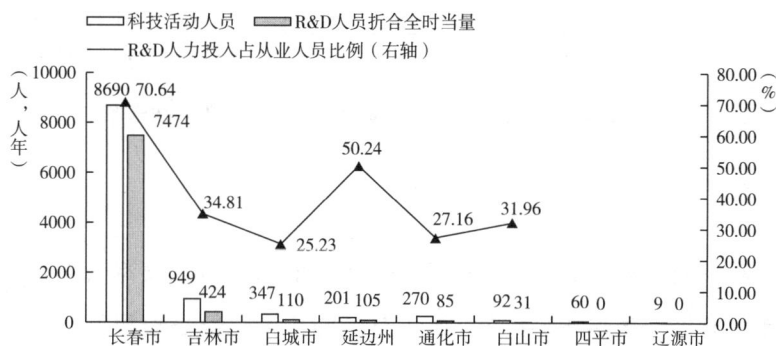

**图 6 吉林省各市（州）科研机构创新活动人员对比（2022 年）**
资料来源：作者根据相关网站整理自制。

## （二）经费对比

2022 年，通化市科研机构的科技活动收入占全省总数的 0.51%，低于长春、吉林和白城地区。按收入来源分，通化市科研机构科技活动收入中政府资金的占比为 81.71%（见图 7），在全省 9 个地市（州）科研机构中所占比例最低；非政府资金占比 18.29%，在全省 9 个地市（州）科研机构中所占比例最高。科技活动收入中政府资金所占的比例，可以反映该地区科研机构对政府部门拨款的依赖程度，从图 7 可以看出四平、辽源、白城和延边四个地区的科研机构科技活动收入全部来自政府部门，对政府拨款的依赖度过高，而通化市的科研机构从事科技活动并不完全依赖政府部门，这是通化市科研机构经费来源的一个优势。

2022 年通化市科研机构 R&D 经费投入占全省总数的 0.2%，仅高于白山市的科研机构。R&D 经费投入按活动类型分，基础研究、应用研究和试

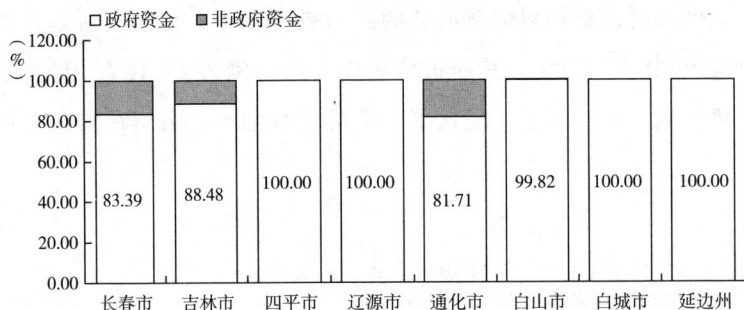

**图7　吉林省各地市（州）科研机构科技活动收入按来源
分对比（2022年）**

资料来源：作者根据相关网站整理自制。

验发展投入的比例分别为 6.35%、15.73% 和 77.92%。从全省范围来看，通化市科研机构虽然 R&D 经费投入总量并不大，但是按照活动类型分，经费投入比例比较合理，基础研究、应用研究和试验发展所占比例呈"正三角形"分布，符合地方科研院所的创新活动态势，说明通化市科研机构在开展创新活动中不急功近利，并没有因为基础研究和应用研究投入不能直接产生经济效益而放弃（见图8）。

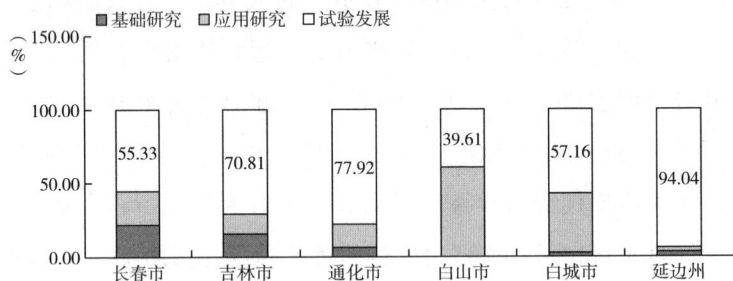

**图8　吉林省各地市（州）科研机构 R&D 经费投入按活动
类型分对比（2022年）**

资料来源：作者根据相关网站整理自制。

### （三）产出对比

2022 年，通化市科研机构科技论文数占全省总数的 0.76%；此外，专利申请数、专利授权数和有效发明专利数分别占全省总数的 0.14%、0.20% 和 0.12%。通化市科研机构有效发明专利拥有数占一定优势，仅次于长春市和吉林市。

## 三  存在的问题

通过以上对通化市科研机构现状及与各市（州）科研机构之间的对比分析，通化市科研机构创新活动存在以下问题。

### （一）科研机构规模较小，创新人才后备不足

从经费收入规模来看，截至 2022 年底，通化市科研机构共 6 个，经费收入超过千万元的仅 1 个，其余 5 个机构平均经费收入仅 500 万元左右；从科技活动人员和 R&D 人员数量呈逐年减少趋势，科研机构平均科技活动人员和 R&D 人员分别为 45 人和 21.33 人。可见，通化市科研机构规模较小没有具有影响力的研发团队，引才育才机制又缺乏，而且地方科研机构在职称评定、岗位晋升等方面体制机制僵化，缺乏自主权，现有的人才评价和激励机制不足以激发科技人员的创新创业热情，导致创新人才后备力量不足。

### （二）创新活动经费来源比较单一

通化市科研机构科技活动收入和 R&D 经费投入主要以政府拨款为主，政府资金占比达到 80% 以上，又由于大部分科研机构属于全额拨款的事业单位，经费内部支出以人头费为主，用于科研的经费不能保障，没有稳定的、长期的用于科研的经费，机构技术性收入等非政府来源资金用于绩效奖励限制较多，单位经费自主裁量权较小，为了维持稳定、

便于管理需要，很难按照真实绩效进行分配，这必然引发"吃大锅饭"问题[1]，长久下去很难激发科技活动人员的创新积极性。

### （三）创新定位不明确，成果数量质量均不高

通化市科研机构课题多为小成本项目，缺乏创新服务地方经济发展的定位，课题申请上存在着低水平重复现象，选题上未能与市场需求紧密结合，所完成的课题即便有一定的创新性，也往往停留在实验室阶段，最后作为创新成果的科技论文、专利产出数量不高，高质量论文和发明专利授权等更是稀少，缺乏对创新活动的长远性和全局性布局，最后导致很多成果并不具备产业化推广的意义。

## 四 几点建议

### （一）建立健全人才激励机制，引才育才

建立健全完善的职称评聘制度和人才评价激励机制，在人才选聘上给予科研机构充分的自主裁量权，在岗位设置和职称聘任上能够给予更多的选择权；制定和完善人才引进政策，进一步拓宽人才引进渠道，对高端人才适用"一事一议"等引进机制，在各方面给予全方位的支持与帮助；本单位内部加大培养力度，充分利用培训和交流的机会，确保科技活动人员掌握前沿的科学知识和实用技术，进一步提升科研创新能力。

### （二）在政府支持的基础上，拓宽项目经费来源

通化市6个科研机构都是全额拨款的事业单位，科技创新活动经费主要支持来源于政府部门，以财政拨款和项目收入为主，在保持现有支持力度的基础上，应该更关注和区域经济发展相关的创新型项目，发挥自身人才、技术、平台等领域优势，多种渠道多种方式增加创新资金来源，例如

---

① 周孝：《科研院所创新发展的制度困境》，《科学学研究》2020年第7期，第1338~1344页。

和长春市等其他市（州）高校、科研机构联合申请项目，开展协同创新；还可以面向市场，与本土龙头企业寻求合作，更多地争取企业资金的投入，围绕地方产业特色深入研究，建立"创新—成果—转化"的产业链，从而实现对企业有效的技术支撑，完成对区域经济发展的促进作用。

### （三）明确定位，创新服务区域经济发展

通过研究发现，我国很多市级科研机构经过长期发展，形成了各自的优势学科，研发了一大批与区域生态特征和产业发展需求相适应的农业科研成果，在区域农业科技创新、服务"三农"、成果示范与应用等方面发挥着重要作用[①]。通化市科研机构也是这个特点，通化地区共6个科研机构，有5个研究所和农业相关，作为本土的科研机构，这些机构对于当地农业特色产业和农业农村发展方向更为了解，再结合通化地区农业产业特点，通化市科研机构可以定位于推动通化农业产业发展，结合科研机构在科技创新、成果转化和科技服务上的优势，承担起发展区域特色作物（例如人参、食用菌等），培育和改造推广农业新品种的责任，全力推动通化地区特色产业集群发展。

# Analysis of Innovation and Development Capability of Scientific Research Institutions in Tonghua

*Wang Guihua    Yang Fang*

**Abstract**：This article elaborates on the current situation of scientific research institutions in Tonghua，Jilin Province in 2022. It conducts a

---

① 高志成：《地市级农业科研院所在推进乡村振兴战略中的作用》，《甘肃农业科技》2022年第2期，第10~14页。

longitudinal analysis of the main indicators of personnel, funding, R&D situation, and output engaged in scientific and technological activities in Tonghua scientific research institutions from 2018 to 2022, as well as a horizontal comparison with relevant indicators in various cities (prefectures) at the same level in the province. It comprehensively explores and studies the development status and problems of scientific research institutions in Tonghua, and provides relevant countermeasures and suggestions to promote the innovative development of scientific research institutions in Tonghua.

**Keywords**: Research Institutions; Innovation; R&D Personnel; R&D Expenditure

# 白城市科研机构创新发展研究

扈 杨 刘玲玲 张 慧 钟 磊*

**摘 要：**党的二十大报告提出："深入实施科教兴国战略、人才强国战略、创新驱动发展战略，开辟发展新领域新赛道，不断塑造发展新动能新优势。"吉林省深入贯彻落实党的二十大精神，以科教省省为旗帜，加强区域科技创新发展。吉林省作为全国重点农业大省，近年来，不断加强科技创新、开展科技特派员等行动计划，提升农业创新发展活力。白城市作为吉林省重点粮食产业基地，在促进吉林省农业产业发展等方面作出重要贡献，其中科研机构作为白城市创新驱动力量，能较好促进区域农业高质量发展。本文对科研机构的创新发展进行研究，描绘出白城市创新发展全貌，并对发展过程中存在的问题提出相关建议。

**关键词：**区域科技创新；农业产业发展；科研机构

## 一 白城市科研机构发展现状

2022 年，白城市科研机构数为 6 个；R&D 人员为 171 人。白城市科研

---

* 扈杨，吉林省科学技术信息研究所，研究实习员，主要研究方向为科技统计分析研究；刘玲玲，吉林省科学技术信息研究所，研究员，主任，主要研究方向为经济研究；张慧，吉林省科学技术信息研究所，助理研究员，主要研究方向为管理研究；通讯作者：钟磊，吉林省职业病防治院，副院长，主要研究方向为管理研究。

机构在吉林省的地位凸显，无论在创新投入、论文产出还是对外交流方面和 2021 年相比均有所上升，具体分析如下。

## （一）创新投入水平有所提升

一是经费收入与支出水平有所提高。2022 年，白城市科研机构经费收入总额为 9662 万元，比上一年提高 9.87%；科技经费内部支出为 7628 万元，比上一年提高 6.24%，其中，日常性支出占比为 94.87%，比上一年提高 5.91 个百分点，资产性支出占比为 5.13%，比上一年提高 12.68 个百分点，各方面的经费支出均有所增加。二是 R&D 研究人员有所增长。白城市科研机构 R&D 研究人员为 84 人，比上一年提高 10.5%。三是仪器设备支出引起更多重视。白城市科研仪器设备支出为 4078 万元，比上一年提高 6.31%；科学仪器设备数量为 1135 台，比上一年提高 6.97%。科研房屋建筑物支出为 5628 万元，比上一年提高 9.07%。

## （二）论文产出水平实现突破

白城市科研机构科技产出能力较强。2022 年，白城市科研机构发表的科技论文数为 89 篇，比上一年提高 4.71%；形成国家或行业标准数为 2 项，比上一年提高 100%；软件著作权数为 2 件，实现了从无到有的突破。

## （三）科技交流服务水平增强

白城市重视科技的推广与应用。2022 年，白城市科研机构对外科技服务合计工作量为 60 人年，比上一年提高 87.50%，其中，科技成果的示范性推广工作量为 8 人年，比上一年提高 33.33%；为用户提供可行性报告、技术方案、建议及进行技术论证等技术咨询工作量为 8 人年，比上一年提高 166.67%；地形、地质和水文考察、天文、气象和地震的日常观察工作量为 2 人年，比上一年提高 100%；为社会和公众提供的检验、检疫、测试、标准化、计量、计算、质量控制和专利服务工作量为 6 人年，比上一年提高 100%；科技信息文献服务工作量为 12 人年，比上一年提高 50.0%；科学普及工作量为 8 人年，比上一年提高 33.33%。

## 二 白城市科研机构创新水平情况

白城市科研机构在人员构成、经费的收入与支出、课题与成果产出方面均位居吉林省前列，具体分析如下。

### （一）白城市科研机构人员构成情况

白城市科研机构从业人员 2022 年末人数为 436 人，其中，科技活动人员为 347 人，女性为 148 人，科技管理人员为 93 人，课题活动人员为 226 人。按学历分，在科技活动人员中，白城市科研机构硕士学历人数为 66 人，本科学历人数为 208 人，大专学历人数为 57 人。在职称分类中，高级职称人数为 204 人，初级职称人数为 50 人、中级职称人数为 69 人。

### （二）白城市科研机构经费收入情况

白城市科研机构经费收入总额为 9662 万元，其中，科技活动收入为 7138 万元，科技活动收入均来自政府资金，其中，财政拨款为 7078 万元。

### （三）白城市科研机构经费支出情况

白城市科研机构经费内部支出总额为 9989 万元，科技经费内部支出为 7628 万元。其中，日常性支出为 7237 万元，人员劳务费为 5118 万元，资产性支出为 391 万元。同时，从仪器设备支出情况来看，白城市科研仪器设备支出为 4078 万元，科学仪器设备数量为 1135 台，科学仪器设备原值为 4078 万元。

白城市科研机构 R&D 经费内部支出为 2455 万元，日常性支出为 2153 万元，资产性支出为 302 万元。其中，应用研究支出为 990 万元，试验发展支出为 1403 万元。

### （四）白城市科研机构课题情况

白城市科研机构课题数合计为 56 个，其中，R&D 课题数为 27 个。课题经费内部支出为 478 万元，R&D 成果应用支出为 341 万元，科技服务支出为 66 万元。课题人员折合全时当量为 205 人年。其中，基础研究人员折合全时当量为 5 人年，试验发展人员折合全时当量为 67 人年，应用研究人员折合全时当量为 20 人年，R&D 成果应用人员折合全时当量为 74 人年，科技服务人员折合全时当量为 39 人年。

### （五）白城市科研机构成果产出情况

白城市科研机构发表科技论文总数为 89 篇。形成国家或行业标准数为 2 项，软件著作权数为 2 件。对外科技服务合计工作量为 60 人年。

## 三　相关问题

### （一）高层次科技人员数量有待进一步提高

专职人员数量有所下降。2022 年，白城市科研机构从业人员为 436 人，比上一年降低 5.42%，科技活动人员为 347 人，比上一年降低 6.47%，其中，科技管理人员为 93 人，比上一年降低 5.10%；课题活动人员为 226 人，比上一年降低 5.44%；科技服务人员为 28 人，比上一年降低 17.65%，具体情况如表 1 所示。

表 1　2022 年白城市科研机构从业人员数量指标值及增长幅度变化情况

| 指标 | 指标值（人） | 增长幅度（%） |
|---|---|---|
| 从业人员 | 436 | -5.42 |
| 科技活动人员 | 347 | -6.47 |
| 科技管理人员 | 93 | -5.10 |
| 课题活动人员 | 226 | -5.44 |
| 科技服务人员 | 28 | -17.65 |

资料来源：《吉林科技统计年鉴》。

2022 年白城市 R&D 人员学历水平有待提升。R&D 人员中，博士毕业人数为 3 人，和上一年比没有变化；硕士毕业人数为 52 人，比上一年降低 5.45%；本科毕业人数为 91 人，比上一年降低 18.02%。科技活动人员中，硕士毕业人数为 66 人，比上一年降低 4.35%；本科毕业人数为 208 人，比上一年降低 7.14%；大专毕业人数为 57 人，比上一年降低 10.94%。按职称分，科技活动人员中，高级职称为 204 人，比上一年降低 3.32%；中级职称为 69 人，比上一年降低 8.00%；初级职称为 50 人，比上一年降低 10.71%，具体情况如表 2 所示。

表 2　2022 年 R&D 人员和科技活动人员学历职称指标值及增长幅度变化情况

| 指标 | | 指标值（人） | 增长幅度（%） |
|---|---|---|---|
| R&D 人员 | 博士毕业 | 3 | 0 |
| | 硕士毕业 | 52 | −5.45 |
| | 本科毕业 | 91 | −18.02 |
| 科技活动人员 | 硕士毕业 | 66 | −4.35 |
| | 本科毕业 | 208 | −7.14 |
| | 大专毕业 | 57 | −10.94 |
| | 高级职称 | 204 | −3.32 |
| | 中级职称 | 69 | −8.00 |
| | 初级职称 | 50 | −10.71 |

资料来源：《吉林科技统计年鉴》。

## （二）财政投入力度不足

2022 年，白城市科研机构科技活动收入为 7138 万元，比上一年降低 2.53%，其中，政府资金为 7138 万元，比上一年降低 1.80%，财政拨款为 7078 万元，比上一年降低 1.64%，承担政府科研项目收入为 60 万元，比上一年降低 4.92%。白城市 R&D 经费内部支出为 2455 万元，比上一年降低 8.02%。其中，试验发展支出为 1403 万元，比上一年降低 17.52%，具体情况如表 3 所示。

表3 2022年白城市科研机构科技活动收入和R&D经费内部支出指标值及增长幅度变化情况

| 指标 | 指标值（万元） | 增长幅度（%） |
|---|---|---|
| 科技活动收入 | 7138 | −2.53 |
| 其中：政府资金 | 7138 | −1.80 |
| 财政拨款 | 7078 | −1.64 |
| 承担政府科研项目收入 | 60 | −4.92 |
| R&D经费内部支出 | 2455 | −8.02 |
| 其中：试验发展支出 | 1403 | −17.52 |

资料来源：《吉林科技统计年鉴》。

## （三） 成果产出应用表现欠佳

一是课题数量不足。白城市科研机构课题数为56个，比上一年降低18.84%（见表4）。二是课题投入不足。课题经费内部支出为478万元，比上一年降低32.68%，其中，R&D课题经费支出为71万元，比上一年降低62.23%。按支出活动类型分，试验发展支出为66万元，比上一年降低64.13%；R&D成果应用支出为341万元，比上一年降低12.79%；科技服务支出为66万元，比上一年降低49.62%（见表5）。三是课题人员不足。课题人员折合全时当量为205人年，比上一年降低22.9%，其中，试验发展人员折合全时当量为67人年，比上一年降低31.6%；R&D成果应用人员折合全时当量为74人年，比上一年降低26.0%；科技服务人员折合全时当量为39人年，比上一年降低18.8%（见表6）。

表4 2022年白城市科研机构课题数指标值及增长幅度变化情况

| 指标 | 指标值（个） | 增长幅度（%） |
|---|---|---|
| 课题数 | 56 | −18.84 |

资料来源：《吉林科技统计年鉴》。

表 5　2022 年白城市科研机构课题经费内部支出指标值及增长幅度变化情况

| 指标 | 指标值（万元） | 增长幅度（%） |
| --- | --- | --- |
| 课题经费内部支出 | 478 | -32.68 |
| 其中：R&D 课题经费支出 | 71 | -62.23 |
| 课题经费内部支出按支出活动类型分 | | |
| 　试验发展支出 | 66 | -64.13 |
| 　R&D 成果应用支出 | 341 | -12.79 |
| 　科技服务支出 | 66 | -49.62 |

资料来源：《吉林科技统计年鉴》。

表 6　2022 年白城市科研机构课题人员折合全时当量指标值及增长幅度变化情况

| 指标 | 指标值（人年） | 增长幅度（%） |
| --- | --- | --- |
| 课题人员折合全时当量 | 205 | -22.9 |
| 其中：试验发展人员折合全时当量 | 67 | -31.6 |
| 　R&D 成果应用人员折合全时当量 | 74 | -26.0 |
| 　科技服务人员折合全时当量 | 39 | -18.8 |

资料来源：《吉林科技统计年鉴》。

# 四　对策建议

### 1. 优化科技创新生态环境

政府的财政科技投入往往会形成示范效应，从而提高国家自主创新能力，推动地方经济社会的健康发展。据此，政府应在增加财政科技投入基础上，不断完善科技投入比例与结构，构建长期、稳定的科技资金投入增长机制，以此保障经济高质量发展过程中的资金供给，充分利用好白城市的优势条件，例如对于得天独厚的风能资源，可以全力推进新能源产业集群化高质量发展，吸引大批新能源企业扎根。

为了更好迎合市场需求，需要搭建科研机构与中小科技企业、高等院校等多元创新主体沟通交流的平台，通过科研项目合作的形式推动科技人才的培养，推动产学研一体化建设。打破行政壁垒，实现信息资源的充分流通，避免信息资源封闭，学会利用网络平台聚集信息，建立科技信息库。同时，创建中介管理模式，设立专项基金支持发展，通过相关培训专业化的服务，让科技中介和科研机构人员进行及时互动联通，让中介从政府机构中剥离，形成商业化模式，以此实现科技创新投入的有效供给，改善科研人员经费使用软环境，构建资源节约型社会，促进经济高质量发展。

2. 提升科技人员质量

人才是创新的根基，尤其是高技术人才，有时就能盘活一个企业、撬动一批产业。因此，白城市一方面需要设立引入人才政策，增加人才数量，形成人才集聚。可以为人才提供医疗、住房、教育等基础设施建设，增加对人才的吸引力，保障经济高质量发展的供给。可以设立专利补贴基金，鼓励发明创造，发布相关补贴优惠减免政策向科技人员倾斜，促进科研人员的自主创新能力。构建收益分配激励的法律政策，落实收益分配激励制度，激发科研人员的转化活力。另一方面需要加大教育支出，侧重对先进科技人才的培养，将科技人才的培养和市场需求挂钩，注重培养的针对性与导向性，不断完善科技人才的管理模式和创新环境，让新引进的人才能够最大限度发挥其科研能力。根据白城市自身的发展定位进行合理安排和规划，有效避免因人才引进而产生的恶性竞争，最终能够让科技人才发挥最大的社会和经济价值。同时，适当优化人才结构，建立专门科技转化业务团队。寻找适合自身的科技转化切入点，建立和健全科技转化业务链条，贯通技术引进与出口途径，从而形成完善的科技转移转化制度，建立科技成果持续再生、开放流转和高效变现的科技转化新机制。

3. 增强科技成果转化机制

科技成果充分体现了一个地区的社会效益，从而可以极大提高人们的生活水平。促进科技成果转化率的提升，是提高科技投入产出效率的主要方法。一方面，健全市场经济体制，实现科技成果转化率的提高。政府可以制定相应的科技政策，对科研机构的成果转化给予最大保障，通过宏观调控，营造积极向上的政治生态环境，为科研机构承担部分风险，按照市场经济发展的需求，帮助科研机构加大高技术产品的研发力度，形成以中国创造为目标的科技创新体系，进而促进整体科技的进步发展。另一方面，切实发挥好科技成果转化主体地位，在这个过程中，要减少所有不必要的行政指挥，及时优化创新环境，按照白城市的发展规划，挑选适宜发展的产业链条，打造本地区的核心竞争力，落实责任机制，通过地方政府来推动科技成果转化的动力。

## 参考文献

吴玺玫：《产教融合背景下高职院校科技成果转化机制研究》，《职业技术教育》2021 年第 23 期。

李麒、王雪、严泽民：《以市场为导向的科技成果转化模式探究——以宁波 A 公司为例》，《改革与开放》2019 年第 21 期。

冯晓赟、董照辉：《国家农业科研机构机制创新的思考——以中国农业科学院为例》，《农业科研经济管理》2024 年第 1 期。

侯琰、何曼露、张航：《中央所属科研院所知识产权和科技成果转化管理浅析》，《通信管理与技术》2023 年第 5 期。

陈良华、何帅、李宛：《新型科研机构的本质特征与运行机制》，《江苏社会科学》2023 年第 3 期。

梁国亮：《科技成果转化质量及提升路径探讨》，《中国科技投资》2021 年第 8 期。

李少鹏：《科研院所科技成果转化模式分析》，《建材世界》2020 年第 6 期。

# Research on Innovation and Development of Scientific Research Institutions in Baicheng

*Hu Yang　Liu Lingling　Zhang Hui　Zhong Lei*

**Abstract**：The report of the 20th National Congress of the Communist Party of China proposed："We will deepen the implementation of the strategies of rejuvenating the country through science and education, strengthening the country through talent, and innovation driven development, open up new fields and tracks for development, and continuously shape new driving forces and advantages for development." Our province thoroughly implements the spirit of the 20th National Congress of the Communist Party of China report, takes the banner of revitalizing the province through science and education, and strengthens regional scientific and technological innovation and development. As a key agricultural province in China, our province has continuously strengthened scientific and technological innovation, launched action plans such as science and technology special commissioners, and enhanced the vitality of agricultural innovation and development in recent years. As a key grain industry base in our province, the Baicheng area has made important contributions to promoting the development of our agricultural industry. Among them, scientific research institutions, as the driving force for innovation in the Baicheng area, have effectively promoted the high-quality development of regional agriculture. This article conducts research on the innovative development of scientific research institutions, identifies the role of innovation development in Baicheng City, and proposes relevant suggestions for the problems that exist in the development process.

**Keywords**: Regional Science and Technology Innovation; Agricultural Industry Development; Research Institutions

# 延边州科研机构创新发展能力分析

曲　琳　刘竞妍*

**摘　要：** 科研机构是延边州开展科技创新活动的第二大主体，是推动创新驱动发展的重要建设力量。本文主要从投入和产出两个方面分析延边州科研机构的发展现状，并与省内其他 8 个城市进行对比研究，揭示延边州科研机构在创新发展中遇到的问题，并提出了优化调整布局、加强具有地方特色及重点领域的基础研究和建立以市场为导向的科技管理机制等建议。

**关键词：** 科研机构；科技创新；对策建议

## 一　延边州科研机构创新发展现状

2022 年，延边州共有科研机构 9 家。按机构从业人员规模划分，从业人员小于等于 10 人的科研机构有 6 家，11~60 人的有 2 家，61~100 人的有 1 家；按机构服务的国民经济行业划分，服务于农业的有 1 家，林业的有 1 家，研究和试验发展的有 1 家，科技推广和服务的有 6 家；按机构隶属关系分，市级部门属的机构有 4 家，县级部门属的科研机构有 5 家。

2022 年，延边州共有 3 家科研机构开展 R&D 活动，R&D 人员折合全时当量为 105 人年，科研机构 R&D 经费投入为 2306 万元，占全州的研发

---

* 曲琳，吉林省科学技术信息研究所，助理研究员，主要研究方向为科技统计分析；刘竞妍，吉林省科学技术信息研究所，助理研究员，主要研究方向为科技统计分析。

投入经费比重为 8.8%。

## （一）科研机构投入

1. 科研机构人力投入

（1）从业人员

2018~2022 年，延边州科研机构从业人员整体呈下降趋势。2018 年，延边州科研机构从业人员为 270 人，2022 年科研机构从业人员 209 人，减少 61 人，下降了 22.6%（见图 1）。

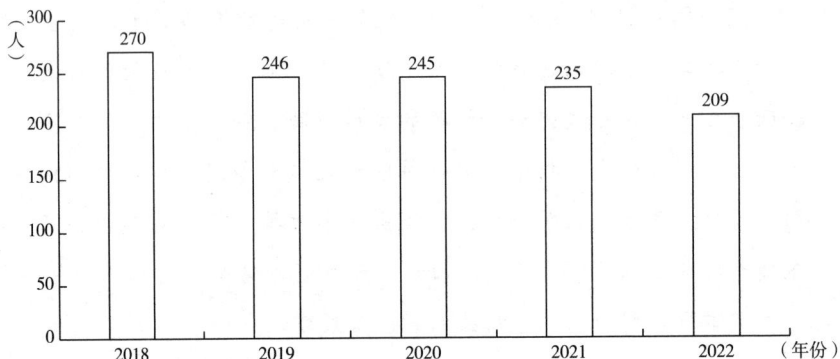

**图 1　延边州科研机构从业人员情况（2018~2022 年）**
资料来源：作者根据相关网站整理自制。

（2）科技活动人员学历分布

2018~2022 年，延边州科研机构的科技活动人员中，按学历分，博士平均占比 4.4%，硕士平均占比 30.1%，本科平均占比 47.6%，大专平均占比 13.6%，其他平均占比 4.4%。从发展趋势看，博士人数呈缓慢下降趋势，2022 年有 8 人，较 2018 年下降了 27.3%，略高于科研机构从业人员的平均下降速度（22.6%）；硕士人数整体保持稳定，2022 年有 63 人，较 2018 年下降了 6.0%；本科人数呈下降趋势，2022 年有 94 人，较 2018 年下降了 24.2%；大专和其他学历人数基本保持稳定（见图 2）。

（3）R&D 人员折合全时当量

2018~2021 年，延边州科研机构 R&D 人员折合全时当量呈缓慢下降趋

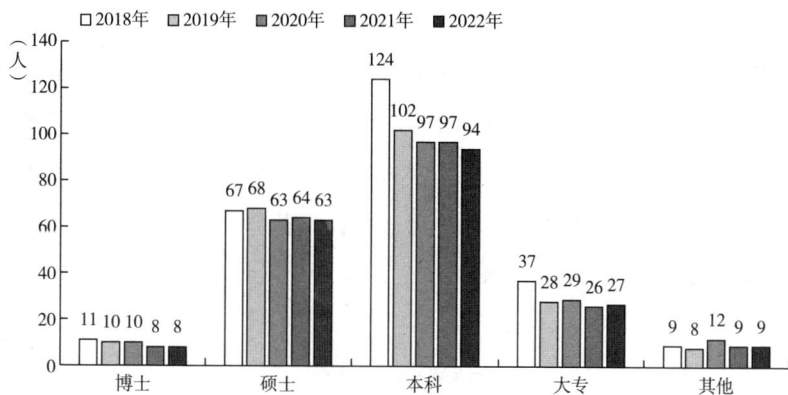

**图2　延边州科研机构科技活动人员学历分布情况（2018～2022年）**
资料来源：作者根据相关网站整理自制。

势，2022年出现快速增长。2018～2022年，R&D人员折合全时当量占从业人员折合全时当量的比重平均值为41.0%，可见，延边州科研机构中有近一半的工作量是从事研发活动，并且这一比例在逐年增长，2022年占比达50.2%，较2018年增长13.9个百分点（见图3）。

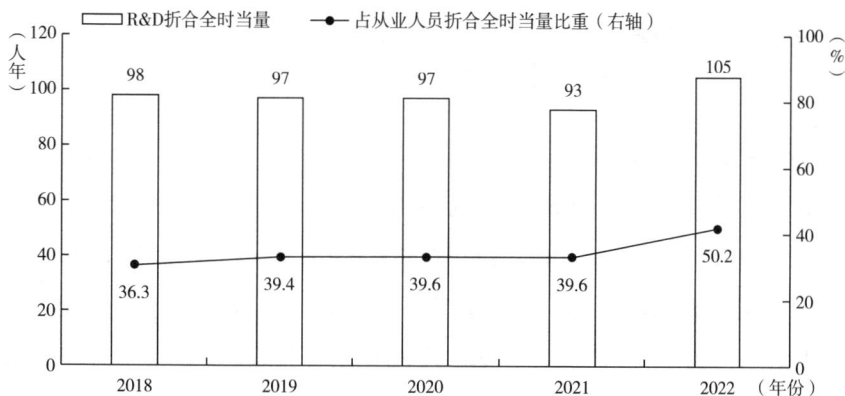

**图3　延边州科研机构R&D人员折合全时当量及其占从业人员**
**折合全时当量比重情况（2018～2022年）**
资料来源：作者根据相关网站整理自制。

2. 科研机构财力投入

（1）财政拨款

2018~2022 年，延边州科研机构科技活动收入整体呈下降趋势，2022 年为 3631 万元，较 2018 年减少了 1448 万元，下降了 28.5%（见图 4）。科研机构的科技活动收入以财政拨款为主，2018~2022 年财政拨款占科技活动收入的平均比重为 89.9%，并且这一比例整体上呈增长趋势，2022 年占比达 96.3%，比 2018 年增长 6.9 个百分点。

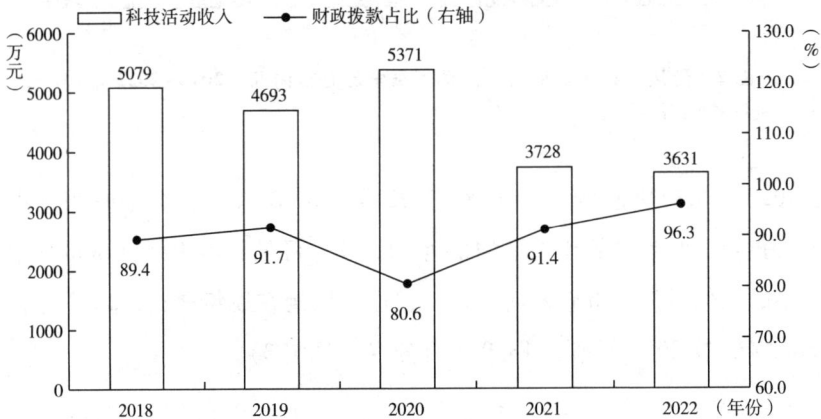

**图 4 延边州科研机构科技活动收入及财政拨款占比情况（2018~2022 年）**
资料来源：作者根据相关网站整理自制。

（2）R&D 经费投入

2018~2022 年，延边州科研机构 R&D 经费投入呈波动状态，除了 2021 年为 1969 万元外，其他年份均在 2000 万元以上（见图 5）。2022 年，延边州科研机构 R&D 经费投入为 2306 万元，占全省 R&D 经费投入总量（57.1 亿元）的 0.4%，较上年提升了 0.06 个百分点。

2018~2022 年，延边州科研机构 R&D 经费投入按活动类型分情况，首先是试验发展经费投入占比最大，平均占比达 75.8%，其次是应用研究经费投入，平均占比达 14.9%，最后是基础研究经费投入，平均占比达 9.3%。从发展趋势看，基础研究经费投入整体呈下降趋势，2022 年为 69

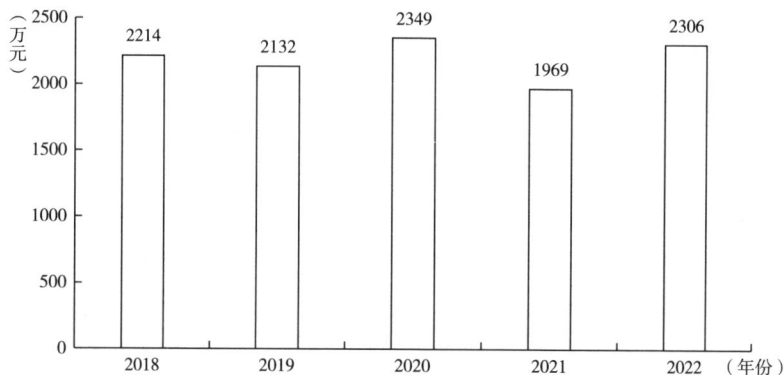

**图 5　延边州科研机构 R&D 经费投入情况（2018~2022 年）**
资料来源：作者根据相关网站整理自制。

万元，较 2018 年下降了 67.9%，应用研究经费投入呈快速下降趋势，2022
年为 69 万元，较 2018 年下降了 88.6%，试验发展经费投入整体呈增长趋势，
2022 年为 2169 万元，较 2018 年增长了 55.6%（见图 6）。

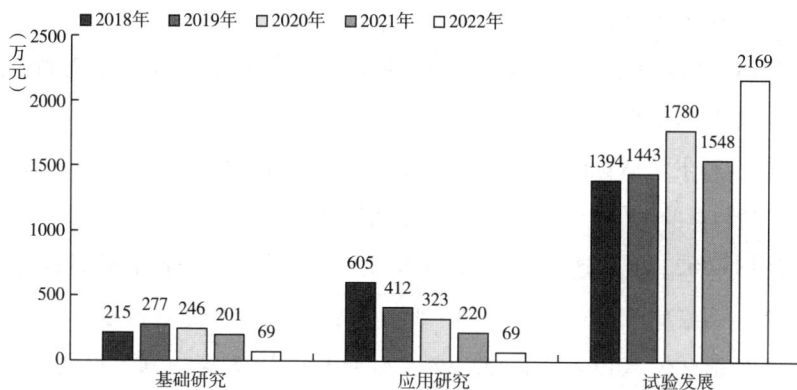

**图 6　延边州科研机构 R&D 经费投入按活动类型分情况（2018~2022 年）**
资料来源：作者根据相关网站整理自制。

2018~2022 年，延边州科研机构 R&D 经费投入按资金来源分情况。政
府资金占比最大，2019 年和 2021 年均接近 100%，2021 年开始有企业资金
投入，2021 年企业资金占比为 1%，2022 年企业资金占比为 6%，较 2019

年提高 5 个百分点。科研机构 R&D 经费中企业资金的注入，预示着科研机构与企业的合作逐渐紧密，延边州科技创新产学研一体化进程逐步加快（见图 7）。

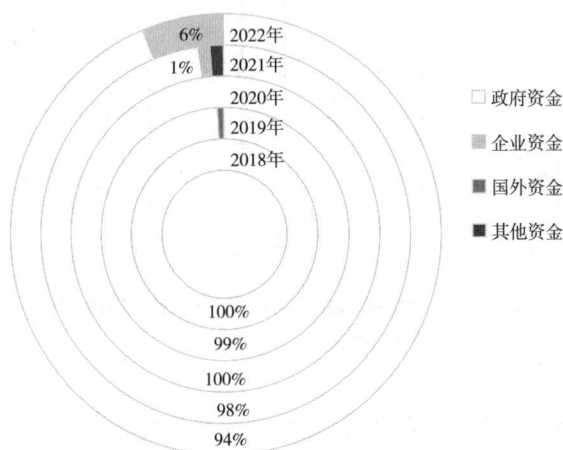

**图 7 延边州科研机构 R&D 经费内部支出按资金来源分情况（2018~2022 年）**
资料来源：作者根据相关网站整理自制。

3. 科研机构产出

2018~2022 年，延边州科研机构的专利申请数除了 2020 年较高以外，整体上呈增长趋势，2022 年为 13 件，较上年增长 4 件，增长了 44%（见图 8）。专利申请数量的不断提升，表明延边州科研机构的创新投入转化为更多更高质量的创新产出，创新发展更加活跃，创新意识和能力不断提升。

2018~2022 年，延边州科研机构发表科技论文数呈先增后降趋势，2019 年达到最高 53 篇，受破"四唯"影响，2020 年之后迅猛下降，2020 年发表 25 篇，较 2019 年下降 52.8%，2021 年发表 18 篇，2022 年发表 25 篇（见图 9）。

## （二）科研机构创新发展对比分析

1. 人员对比

（1）机构数与从业人员

2022 年，延边州有 9 家科研机构，长春市有 67 家机构，其次是吉林

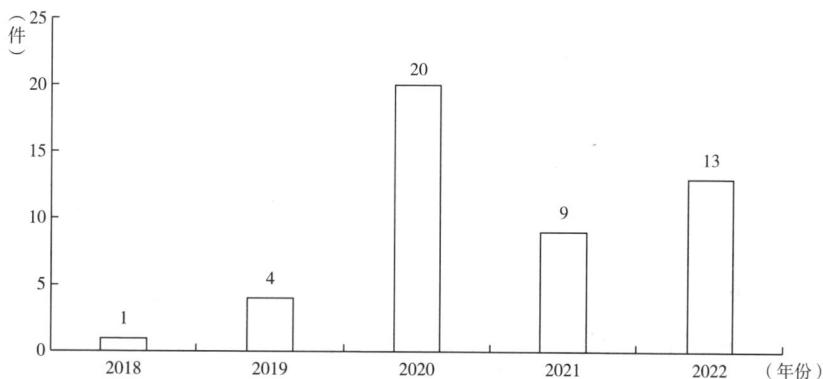

**图 8　延边州科研机构专利申请受理数（2018～2022 年）**

资料来源：作者根据相关网站整理自制。

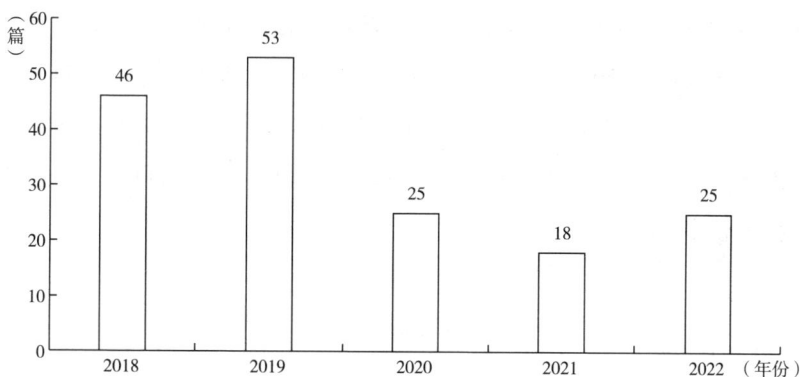

**图 9　延边州科研机构发表科技论文数（2018～2022 年）**

资料来源：作者根据相关网站整理自制。

市，有 14 家机构。从机构从业人员数看，延边州有从业人员 209 人，长春市有 10581 人，占全省比重为 82%，其次是吉林市，有 1218 人，白城市和通化市分别有 436 人和 313 人（见图 10）。

延边州科研机构数占全省的比重为 8.1%，但机构从业人员数占全省比重仅为 1.6%，可见，延边州的科研机构规模较小。

（2）R&D 人员折合全时当量

2022 年，延边州科研机构 R&D 人员折合全时当量为 105 人年，长春

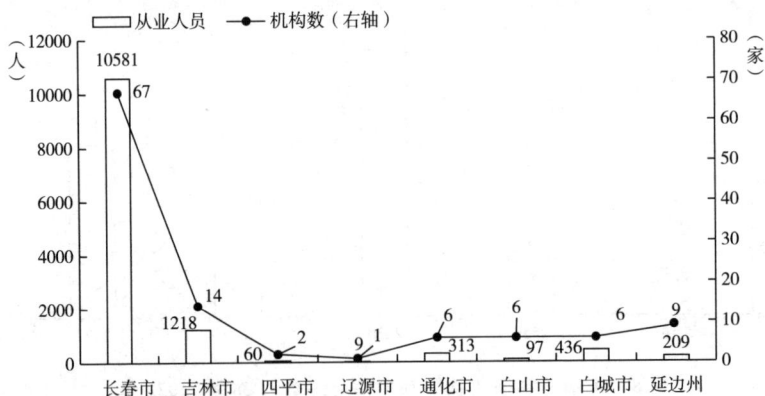

**图 10 吉林省各市（州）科研机构机构数与从业人员情况（2022 年）**

资料来源：作者根据相关网站整理自制。

市有 7474 人年。R&D 人员折合全时当量占从业人员比重看，延边州科研机构的从业人员有 50.2% 的工作量是在从事 R&D 活动，这一比例在全省排名第 2 位，仅低于省会城市长春市（70.6%），高于吉林市（34.8%）、白山市（32.0%）等其他 6 市（见图 11）。可见，延边州科研机构的创新活动投入较多。

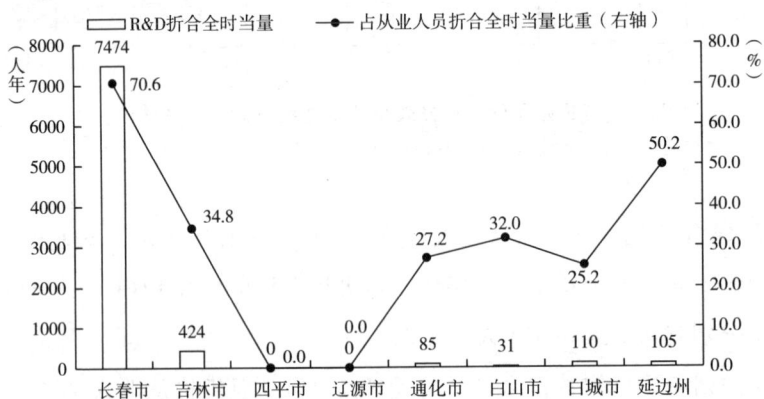

**图 11 吉林省各市（州）科研机构 R&D 折合全时当量**
**及占从业人员折合全时当量情况（2022 年）**

资料来源：作者根据相关网站整理自制。

（3）科技活动人员硕博占比

2022 年，延边州科研机构拥有博士 8 人，硕士 63 人，合计 71 人，少于长春市和吉林市。从硕博人员占科技活动人员比重看，延边州为 35.3%，长春市为 51.5%，吉林市为 29.1%（见图 12）。可见，延边州科研机构的高层次人才较多，科研基础实力较好。

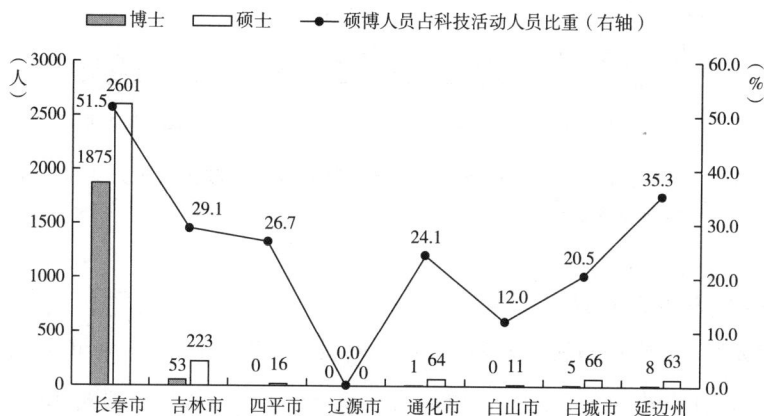

**图 12 吉林省各市（州）科研机构科技活动人员硕博占比情况（2022 年）**
资料来源：作者根据相关网站整理自制。

2. 经费对比

（1）科技活动收入

2022 年，延边州科研机构科技活动收入 3631 万元，长春市科研机构科技活动收入 69.6 亿元，吉林市科研机构科技活动收入 2.6 亿元（见图 13）。

从科技活动收入来源看，财政拨款是主要来源，延边州财政拨款占比为 96.3%，通化市、吉林市、长春市财政拨款占比较低，分别为 80.1%、68.0% 和 43.7%；科技活动收入另一个重要的来源是科研项目收入，延边州科研项目收入占比为 2.8%；非政府资金包括来自企业的技术性收入、国外资金等，延边州科研机构科技活动收入来源中没有非政府资金，通化市科研机构非政府资金注入最多，占比高达 18.3%，其次是长春市和吉林市，占比分别为 16.6% 和 11.5%。

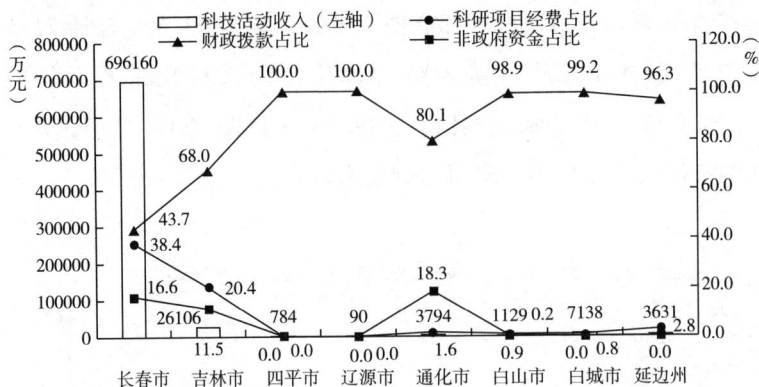

**图 13 吉林省各市（州）科研机构科技活动收入与财政拨款情况（2022 年）**

资料来源：作者根据相关网站整理自制。

（2）R&D 经费投入

2022 年，延边州科研机构 R&D 经费投入 2306 万元，长春市约为 55.2 亿元，吉林市约为 1.3 亿元，白城市为 2455 万元。从科研机构 R&D 经费投入占全市（州）R&D 经费投入比例看，长春市最高，占比为 33.6%，其次是白城市，占比为 29.0%，延边州占比为 8.8%（见图 14）。

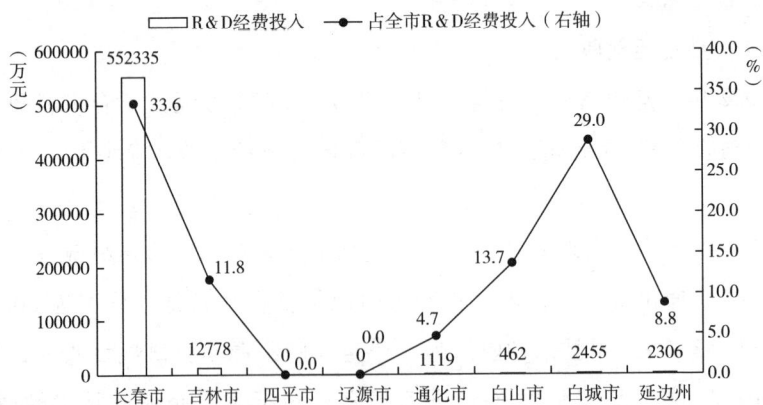

**图 14 吉林省各市（州）科研机构 R&D 经费投入情况（2022 年）**

资料来源：作者根据相关网站整理自制。

2022 年，延边州科研机构 R&D 经费投入主要以试验发展为主，占比高达 94.0%，基础研究和应用研究占比均为 3.0%。白城市应用研究占比相对较多，为 40.3%，基础研究占比为 2.5%，长春市和吉林市基础研究和应用研究经费投入相对较多，长春市科学研究经费投入（基础研究与应用研究之和）占比 44.7%，吉林市科学研究经费投入占比 29.2%（见图 15）。

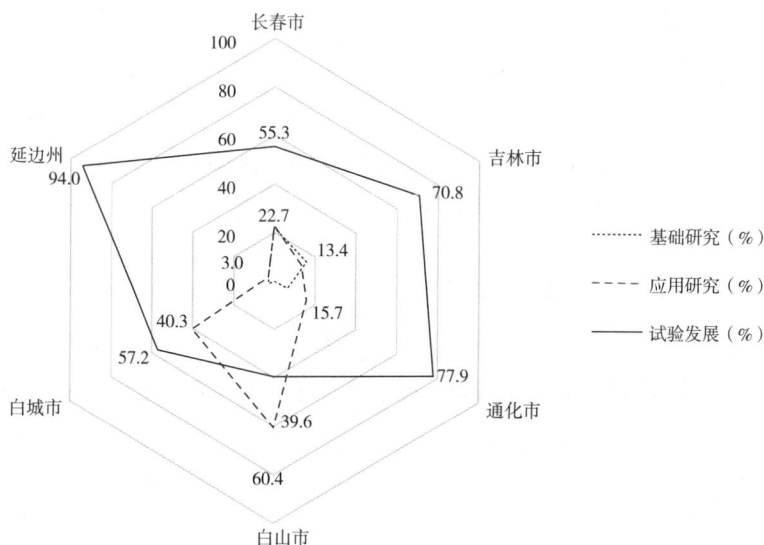

**图 15 吉林省各市（州）科研机构 R&D 经费投入按活动类型分占比情况（2022 年）**

资料来源：作者根据相关网站整理自制。

## 3. 成果对比

### （1）专利

2022 年，延边州科研机构拥有有效发明专利 2 件，通化市、白山市和白城市科研机构的有效发明专利数均超过延边州（见图 16）。从专利申请和授权量来看，延边州科研机构仅少于长春市和吉林市，虽然专利申请和授权量较多，但多为实用新型专利，有效发明专利数量较少。

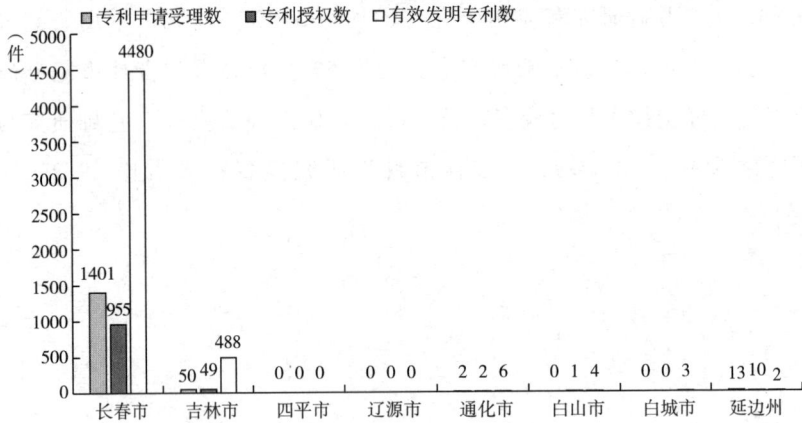

**图 16　吉林省各市（州）科研机构有效发明专利数（2022 年）**
资料来源：作者根据相关网站整理自制。

（2）成果转化收入

2022 年，延边州科研机构科技成果转化收入为 28 万元，长春市为 6022 万元，其次是吉林市为 1323 万元，通化市为 200 万元（见图 17）。

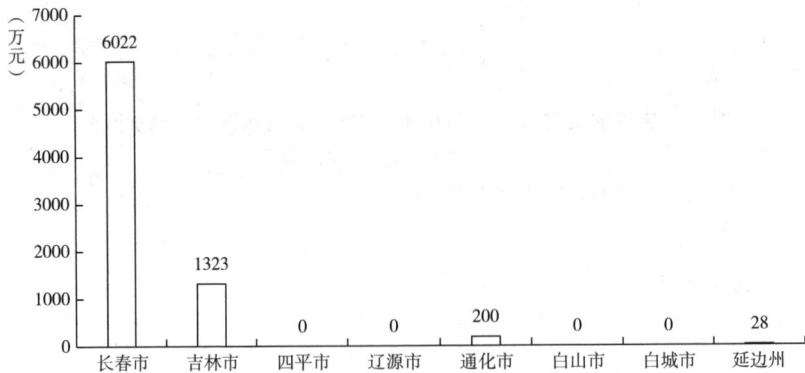

**图 17　吉林省各市（州）科研机构科技成果转化收入情况（2022 年）**
资料来源：作者根据相关网站整理自制。

## 二 延边州科研机构创新发展问题分析

### （一）延边州县属机构较多，缺少科技活动

2022 年，延边州有 9 家科研机构，其中，有 5 家县级部门属机构，其从业人员均少于 10 人，虽然延边州科研机构数量多，但多为县级部门属机构，且从业人员数量较少。经过实地调研，多数县级部门属机构的人员被借调到上级管理部门工作，本单位没有科技活动，甚至有的县级部门属机构财务账目、仪器设备等也由上级管理单位代管。

### （二）机构科研基础条件较好，但创新研究有待提高

延边州科研机构近半数的从业人员的工作量投入在 R&D 活动，这一比例仅低于省会城市长春市（70.6%）。另外，科研机构的科技活动人员中硕博人员占比为 35.3%，仅低于长春市（51.5%）。虽然科研机构的高层次人才较多，科研基础条件较好，但原始创新研究投入并不多，2022年，科研机构 R&D 经费投入主要集中在试验发展，占比为 94.0%，科学研究经费投入仅占 6.0%，并且，科研机构拥有有效发明专利仅 2 件，延边州科研机构的原始创新力有待进一步提升。

### （三）科研机构与地方经济发展结合不够紧密

科研机构科技活动收入中的非政府资金包括来自企业的技术性收入，即企业委托开展科技活动所提供的资金，2022 年，延边州科研机构没有来自非政府的资金，并且，延边州科研机构的科技成果转化收入仅 28 万元，说明科研机构与社会经济发展结合不紧密，科研机构没有以市场需求为导向进行科技创新，部分科研成果的市场需求偏低，成果转化率不高。

# 三　延边州科研机构创新发展对策建议

## （一）优化调整布局，明确功能定位

经过多年发展，延边州一些县级部门属科研机构已经不能满足新形势下地区经济社会发展的要求，目前正值事业单位改革的关键时期，对不同类型的科研机构须进行重新分类定位，并采取相应的改革措施，通过合并、重组等方式，重新调整布局，改变科研机构发展停滞的现状，使其能够发挥助力地方科技创新的作用。

## （二）加强具有地方特色及重点领域的基础研究

延边州科研机构高层次人才较多，且主要集中在农科院、林科院和长白山科学院等院所，具备开展原始创新的基础条件。中央部门属、省级部门属机构主要开展国家大方向、前沿技术攻关，而其他地方科研机构服务于当地需求，可以聚焦在中央部门属、省级部门属机构未涉及的、具有区域特色的领域，开展科学研究。延边州的人参、食（药）用菌、黄牛、梅花鹿种植养殖等是具有地方特色的产业，科研机构可以在这些领域开展原始创新行动，突破关键技术，形成创新优势。

## （三）建立以市场为导向的科技管理机制

科技创新的原动力主要来自企业的发展需求。延边州要建立面向生产实际，以市场为导向，兼顾国家、省、市（州）需求和学科发展需要的科技立项机制。紧紧围绕延边州"一核、两极、多点支撑"的产业空间布局，聚焦医药健康、农业科技、海洋经济、食品加工等关键领域的技术突破，研以致用，切实解决科研与市场脱节的问题。

**参考文献**

方伟、廖玲、万忠：《广东省科研机构体制改革历程、存在问题及对策探讨——基于广东省属科研机构调研的分析》,《广东农业科学》2010 年第 10 期。

吴庆海、伍彬:《广州市属科研机构发展中存在的问题及其对策研究》,《沿海企业与科技》2006 年第 3 期。

潘宇涛:《黑龙江省省属科研机构职责定位思考》,《黑龙江科学》2023 年第 19 期。

池敏青:《公益类科研院所科技体制改革成效、问题及思考——以福建省为例》,《台湾农业探索》2018 年第 1 期。

李阳成、陈志强、朱永得:《福建省属科研机构发展现状及其问题分析》,《海峡科学》2007 年第 2 期。

# Analysis of Innovation and Development Capability of Research Institutions in Yanbian Prefecture

*Qu Lin    Liu Jingyan*

**Abstract**:Scientific research institutions are the second largest subject in Yanbian's scientific and technological innovation activities, and are an important construction force for promoting innovation-driven development. This study mainly analyzes the development status of research institutions in Yanbian from the perspectives of input and output, and conducts a comparative study with the other 8 prefecture-level cities in the province to find the problems encountered by Yanbian's research institutions in their innovation development and puts forward suggestions for optimizing the layout, strengthening basic research with local characteristics and focusing on key areas, and establishing a market-oriented science and technology management mechanism.

**Keywords**:Research Institutions;Technological Innovation;Countermeasures and Suggestions

# 白山市科研机构创新发展研究

王意峰　刘贞珍[*]

**摘　要：** 白山市科研机构的创新发展对于全面建设践行"两山"理念试验区尤为重要，在当前的科技发展浪潮中，白山市科研机构仍面临诸多挑战，如创新能力不足、科研成果转化率低等问题。本文旨在研究白山市科研机构的发展现状、制约科研机构发展的原因以及策略与建议。

**关键词：** 科研机构；创新发展；白山市

## 一　研究背景与意义

近年来，白山市根据中央和吉林省委决策部署，发挥区域特色，整合资源禀赋，提出全面建设践行"两山"理念试验区，聚焦"四大集群"培育、"六新产业"发展、"四新设施"建设，着力打造新材料新能源、人参医药、全域旅游三个千亿级产业集群，走出一条高质量发展、可持续振兴的新路。集群产业的发展必然离不开科技研发投入，在当前的科技发展浪潮中，白山市科研机构仍面临着诸多挑战，如创新能力不足、科研成果转化率低等问题。因此，本文旨在深入探讨白山市科研机构的创新发展现状，分析其存在的问题和原因，并提出针对性的发展策略和建议，使白山

* 王意峰，白山市科学技术信息研究所，工程师，主要研究方向为计算机统计学、网络工程；刘贞珍，白山市科学技术信息研究所，研究员，主要研究方向为科技情报分析。

市科研机构实现高质量发展，为推动地方经济发展提供决策参考。

## 二 白山市科研机构的发展现状

白山市科研机构包括白山市科学技术研究所、白山市林业科学研究院、白山市科学技术信息研究所、白山市蔬菜研究所、靖宇特产研究所、抚松人参检测中心，共6家。其中，较为典型且科研氛围活跃的科研机构分别是白山市林业科学研究院、白山市科学技术研究所和白山市科学技术信息研究所。

白山市林业科学研究院属副县级建制单位，是林业局的公益一类事业单位，也是吉林省东部地区唯一一所多学科、多专业、综合性研究机构。主要从事森林保护与恢复为主的森林培育、森林经营、森林生态、种苗培育、中草药栽培。林业新技术推广与应用领域开展的科学研究，为白山市林业可持续发展和林业经济建设起到技术支撑和公益性服务作用。白山市林业科学研究院拥有多项知识产权，其中包括1个企业品牌项目，59个专利信息，14个软件著作权，这些知识产权的拥有，表明该机构拥有较强的实力和创新能力；在人才队伍方面，拥有研究生以上学历者6名，副高职称以上人员13人，项目专员若干。该单位近十年申报多个省、市级科研项目，多次争取到省级项目资金支持，与多家企业达成产学研结合，是白山市科研力量的主力军。

白山市科学技术研究所是白山市唯一一家从事基础性科学技术研究的公益性事业单位，是吉林省硅藻土产业技术创新战略联盟理事长单位；吉林省硅藻土科技创新中心（工程技术研究中心）、吉林省长白山药食兼用植物资源保护与研发中心技术依托单位；吉林省第八批技术转移（示范）机构；在人才队伍方面，人员编制32名，正高级研究员2人，正高级工程师1人，副高级研究人员9人。共设植物研究室、非金属研究室、办公室3个内设机构。近五年申报国家、省、市级科技发展计划项目30余项，如"人参加工废弃物提取人参精油的研究""复合放线菌菌剂的研制及在老参地修复中的应用研究""硅藻土负载多相类Fenton催化剂的制备"等项目，

"长白山香料植物资源研究与开发""AM/Fe（Mn）氧化物纳米线复合修饰硅藻土调控制备及净化重金属技术研究"等省、市级科研成果 20 余项，授权国家发明专利 4 项，获得吉林省硅酸盐学会科技进步一等奖 1 项、二等奖 2 项。这些成绩的取得有效推动了白山市相关行业的技术进步和科技发展，为相关产业深度开发、延伸链条、挖掘和释放产业潜能作出了巨大贡献，为白山市建设践行"两山"理念试验区提供了科技支撑。

白山市科学技术信息研究所主要侧重于收集、整理、报道、研究国内外科技情报，开展科技情报理论、方针、政策、管理、服务、方法的研究，为白山市科技发展提供综合性战略性决策服务。另外还负责科技统计、科技宣传、科技查新、科技信息服务、促进科技成果对接等工作任务。每年对白山地区科研机构 R&D 情况进行精准统计，对全市及 6 个县、市、区进行地方财政支出统计，对全市 68 家单位开展科普统计，目前，共有科普专职人员 337 名，科普兼职人员 403 名，科普经费使用额 291.22 万元，开展科普讲座、展览、竞赛、培训等各类科普活动 204 次，参加人数 78749 人次。该所科技统计因工作业绩突出，被省科技厅评为科技统计先进单位，有 2 人被评为科技统计先进个人。

## 三 白山市科研机构创新发展的制约因素

### 1. 政策因素

政策是影响科研机构发展的重要因素。几十年来，白山市对于科技创新的政策支持一直不够充分，导致科研人员缺乏实践条件和政策鼓励，科技政策体系还存在一些不够完善的地方，没有核心凝聚力，导致科技资源配置不够合理，发展滞缓。

### 2. 制度因素

科研机构的规范发展制度尚未健全，制约机构的高质量发展。首先，研发机构在创新体系中的定位不明确，且机构核心功能定位不准，不少机构在实验室研发、成果转化和企业孵化、市场培训、产业风投等功能定位之间游移，造成财政资源错配和浪费。其次，白山市在研发条件、业务发展方向等方面的申报条件偏低或模糊，造成科研机构建设质量参差不齐。

### 3. 人才因素

人才匮乏问题也是影响科研发展的重要原因，白山市在科技人才的引进和培养方面存在一些不足之处，缺乏高水平的科研人员，就近五年科研统计数据来说，2019~2023 年白山市科研机构从事科技研发的工作人员平均有 100 人左右，相较于发达地区仍处于较低水平。单个机构的研发人员规模有限，尤其是战略性科研人员紧缺。战略性科研人员具有极强的领军能力以及开展有组织科研、精准把握市场需求的能力，但不少研发机构在引进和留住战略性科学家方面普遍表现不佳，吸引人才机制不够健全。另外，人才引培、激励等方面制度障碍依然存在，研发机构在经费使用、人才评聘、成果转化等方面的突破性创新比较有限，或者不能与宏观体制之间进行有效衔接，造成整体上对长周期创新活动的支持力度不够。用人和薪酬制度上仍受到传统事业单位制度约束，人才活力释放不够。

### 4. 内部因素

自身"造血"能力不强，对科研机构的不断壮大形成阻碍。第一，机构内部的咨询决策机制没有得到很好的运用，影响了核心业务发展，如成果转化、研发服务等，导致机构收益不足。第二，经营机制的市场化程度还不够充分。企业化运作水平低，开放创新程度不高，与市场结合不紧密，局限于机构内部的研发，创新对产业的引导、带动和外溢效果都是有限的。利益分配机制较为笼统，利益与风险相联系的机制尚未完善。第三，可持续盈利模式多而不清，很多中小型研发机构长期依靠财政资金投入，有些甚至出现亏损，总体上还没有探索出市场化的、有效的、可持续发展的、自我"造血"功能强的盈利模式。

### 5. 成果转化因素

科研机构的运营效益受到成果转化率低的影响。一是缺乏与本土企业和产业的深度融合，在创新过程中没有被主导产业和特色产业的创新资源反哺，新的研发机构由于市场需求不足，研发成果难以被有效转化。二是支撑条件在成果转化过程中不充分。工程化开发、应用设计、市场化推广等能力不足，严重限制了成果转化质量，制约了机构经营效益的提升。

# 四　策略与建议

白山市科研机构的创新发展实质就是要适应当前的"科研—经济"范式，构建新的发展模式，因此，科研机构推进白山地区的科技创新发展需要从短期、长期两个方面考虑。

从短期来看，科研机构需要从当前白山市的实际情况出发，选择适当的转移转化方式。通过与白山市地方政府、企业共同协商，并根据当前新兴技术对各行各业的渗透情况，制定重点产业创新升级方案，充分利用非市场化的网络和组织能力，克服科技成果转化环境不完善、不健全的问题，整合相关科研资源，共同攻关，提高转化的系统性、协同性。

从长期来看，科研机构需要从整体科研系统模式转换的角度，考虑助推白山市完成必要的"社会结构的积累"，促进系统转型。白山市是东北老工业基地的一部分，一些大学或科研机构确实在白山市的转型发展中发挥了重要作用，引入了发达地区的创新资源，争当知识纽带，充分利用科技、产业、资本网络，以知识创造和技术创新为重点，引进发达地区的产业、金融资源，并通过引入新型机构，将发达地区先进的企业运作模式、产业组织模式等引入白山地区。

构建广泛合作网络，推动白山地区重塑协调机制。围绕白山地区转型发展，与企业、大学和政府构建深度合作网络，搭建沟通合作的平台，开展"自上而下"和"自下而上"的广泛协商，促进不同部门的知识和信息的交流，共同研究区域未来发展方向，制定区域新的发展计划，重塑区域社会网络和协调机制，促进不同机构之间的合作，推动本地长期投资和机构专业化发展。

充分发挥科研机构在创新网络中的桥梁中介作用，通过市场机制，促进白山市企业与区域外的企业、科研机构和金融机构的合作，共同发展壮大新兴产业集群，改造传统产业。通过这种切实合作，推动本地科研、产业、金融等机构行为模式的转变，形成新的发展理念和组织方式，引领和带动白山地区发展观念的改变，推动制度改革。

消除成果转化壁垒，破解科技成果转化困境。白山市科研机构应紧贴产业需求，解决成果与应用脱节、科技与经济割裂的问题，贯通产学研用链条，有效助推创新成果落地。以需求为导向，坚持问题导向，研究有的放矢，实现研产用全线贯通、无缝对接、实时转化。提高研究的针对性、有效性和实用性，破解成果转化落地难的"顽疾"，破除中间环节和要素的制约，实现产业承载，让科技成果更加顺畅地走向市场。科研机构不仅产出专利、论文等成果，更要以其灵活的身份促成科研、产业和资本的三方对接，以较少的财政资金撬动社会资本进入科研领域，开辟社会资本进入科研领域的新通道，提高社会资本进入科研领域的回报率，为"产学研"牵线，为"研产用"搭桥，助推产业发展。

在研究内容上，白山市科研机构要提出真正的科学问题，要从白山市经济社会发展角度出发。有组织推进战略导向的体系化基础研究、前沿导向的探索性基础研究、市场导向的应用性基础研究。

在人才队伍上，白山市科研机构要把基础研究和人才培养结合起来。青年科技人才是科技的未来，必须注重发挥青年人才的创新性思维作用。在科研环境上，好的科研生态能够激发人潜心研究、"勇闯无人区"。一方面要大力弘扬科学家精神，营造敢于质疑、宽松包容的学术风气；另一方面要形成适应基础研究的支持方式、评价体系，构建宽容失败、坐住坐稳"冷板凳"的科研环境。

在研究投入上，白山市科研机构要持续加大基础研究支持力度，完善稳定投入机制。继续稳步增加财政投入。加大对优秀基础研究机构、团队和个人的长期稳定支持，加强对数学、物理等基础学科的支持力度。


**参考文献**

杨佳曼：《"互联网+"视域下洛阳市科普工作问题研究》，河南科技大学硕士论文，2019。

# Research on the Innovative Development of Scientific Research Institutions in Baishan

*Wang Yifeng    Liu Zhenzhen*

**Abstract**：The innovation and development of scientific research institutions in Baishan area is particularly important for the comprehensive construction and practice of the "two mountains" concept pilot area. In the current wave of scientific and technological development, scientific research institutions in Baishan City are still facing many challenges, such as insufficient innovation ability and low conversion rate of scientific research results. The purpose of this paper is to study the development status of scientific research institutions in Baishan area, the reasons that restrict the development of scientific research institutions, and the strategies and suggestions.

**Keywords**：Research Institution；Innovation Development；Baishan

# 三　专题报告

# 加强社科科研机构情报学创新
# 能力路径研究

## ——以吉林省为例

丁亚男　洪　颖　张妳妳　井丽巍*

**摘　要：**科研机构作为国家科技创新体系重要组成部分，对于深入实施创新驱动发展战略，提升国家创新体系整体效能意义重大，科研机构中的各学科蓬勃发展为经济社会发展提供较好支撑。其中，科研机构情报学能够在经济社会发展的重大决策中发挥参谋作用。因此，提升科研机构情报学创新能力意义重大。东北老工业基地的振兴发展需要情报先行，本文以拥有显著优势的科教大省——吉林省为例，通过对吉林省科研机构情报学创新作用发挥进行深入研究，发现优势和问题，并为如何提升科研机构情报学创新能力提供路径建议。

**关键词：**科研机构；情报学；创新能力

## 一　引言

"十四五"以来，社会科学研究对经济社会发展的决策支撑作用日益

---

* 丁亚男，吉林省科学技术情报学会，实习研究员，主要研究方向为科技情报研究、科技政策；洪颖，长春中医药大学附属第三临床医院，研究实习员，主要研究方向为信息管理研究；张妳妳，长春中国光学科学技术馆，助理研究员，主要从事科学管理和科学研究；通讯作者：井丽巍，吉林省科学技术信息研究所，研究员，主要研究方向为科技统计分析。

凸显，情报学作为社会科学研究的重要学科之一，能够为科研创新、政策制定以及企业决策等提供重要数据和信息等支持，例如科研人员在进行研发之前，需掌握了解相关领域的技术发展动态及未来可能发展的方向，科研机构利用情报学的方法收集、整理和分析有关科技信息资源，为科研人员、企业和政府决策等提供较为客观、翔实的科技情报，这将有助于科研人员选择好的研发路线和方向、降低创新风险、防止低水平重复、有效提高科研效率，还能够较好减轻科研人员收集整理科研资料时的负担，确保科研人员能够有更多时间和精力全身心投入科学研究试验和科技成果转化等方面。科研机构主要是公益性类型的事业单位，开展相关科研工作的经费以财政资金支持为主，从而向社会提供公共服务和公共技术，因此，充分发挥科研机构情报学的科技资源智库作用，也能够发挥政府资金对于科技促进经济社会发展的引领带动作用。因此情报学的研究引起国内外学者广泛关注，相关学者报道了情报学学科建设、有关情报学信息资源利用研究、信息分析方法等，为制定有关政策与决策提供科学理论支撑。本文以拥有优势科教资源的吉林省科研机构为例，通过研究科研机构开展情报学工作取得的成效、提升情报学创新能力采用的路径等，为更好发挥科研机构情报学创新作用提供对策建议。

## 二　吉林省科研机构情报学创新能力情况

"十三五"期间，吉林省科研机构通过加大 R&D 投入力度、不断增强原始创新和科技成果转化能力，其中高素质人力资源、基础研究能力等方面指标均已超过全国科研机构平均水平，较好地服务于区域创新发展。其中，2021 年，吉林省科研机构 R&D 经费投入约为 57.9 亿元，约是 2016 年的 2 倍，"十三五"期间，年均增速高达 14.4%，分别高于全国科研机构年均增速（10.5%）3.9 个百分点和全省年均增速（5.6%）8.8 个百分点，是推动全省 R&D 经费投入增长的重要力量。

## （一）吉林省科研机构情报学科技创新投入及创新产出情况

据 2023 年《吉林科技统计年鉴》，吉林省拥有人文与社会科学科研机构 25 个，占全省科研机构比重为 22.5%；其中 R&D 人员合计 330 人，其中本科及以上学历 R&D 人员占比为 93.9%，占全省科研机构总人数的比重为 3.4%，其中，拥有博士学历 70 人、硕士学历 133 人和本科学历 107 人；2023 年 R&D 内部经费支出 0.9 亿元，较上一年增长 28.6%，其中基础研究和应用研究内部经费支出占比较高，分别为 24.2% 和 65.3%，占全省科研机构支出的比重为 1.5%；发表社会与人文科学领域的科技论文数为 205 篇，出版科技著作 12 种。

## （二）通过营造良好创新生态环境，较好提升吉林省科研机构情报学创新能力水平

近年来，吉林省出台了《关于激发人才活力支持人才创新创业的若干政策措施（3.0 版）》《关于深化项目评审、人才评价、机构评估改革的意见》《吉林省促进科技成果转化条例》《吉林省新型研发机构认定管理办法》《吉林省加快新型研发机构发展实施办法》《吉林省引进高层次创新创业人才实施办法》《关于抓好赋予科研机构和人员更大自主权有关文件贯彻落实工作的通知》等文件。

# 三 吉林省科研机构情报学创新面临的挑战

## （一）科研机构 R&D 经费投入渠道有待进一步拓宽

从科研机构 R&D 经费投入来源看，2016~2022 年，政府资金是科研机构 R&D 经费投入的主要来源，政府资金占比在 80% 以上，科研机构对于政府资金的依赖程度较高。2022 年，科研机构 R&D 经费投入中政府资金占比高达 80.3%，高于全国科研机构政府资金占比（78.5%）1.8 个百分点，高于全省科研机构政府资金占比（34.9%）45.4 个百分点。

## （二）科研机构间 R&D 投入和产出水平差距有待进一步缩小

从投入来看，中央部门属科研机构的 R&D 人力和财力投入分别大于地方科研机构合计数，并且中央部门属科研机构从事研究的学科主要为自然科学。从产出来看，2022 年，全省科研机构专利所有权转让及许可收入为 0.16 亿元，中央部门属科研机构的专利所有权转让及许可收入占比高达 80% 以上。

## （三）地区间科研机构发展不均衡性问题有待解决

2022 年，从全省 111 个科研机构的地区分布数量来看，长春市 67 个、延边州 9 个、通化市 6 个、白山市 6 个、白城市 6 个、吉林市 14 个、四平市 2 个和辽源市 1 个，松原市没有科研机构，四平市和辽源市的科研机构没有 R&D 活动。从科研机构 R&D 经费投入水平来看，长春市 R&D 经费投入占全省科研机构 R&D 经费投入的比重为 96.7%，超过其他 8 个地区总和。

## （四）科研机构情报学高质量创新产出水平有待进一步提高

2022 年，吉林省社会与人文科学领域发表科技论文数为 205 篇，占全省科研机构发表科技论文总数的比重仅为 5.02%，远远高于全国社会与人文科学领域国外发表论文占比（3.35%）。

## （五）科研机构情报学应用型人才数量有待进一步提高

目前，相关科研机构开展情报学的研究人员主要包括研究情报学理论和情报学方法的人员，而关于将情报学与其他学科进行融合或将情报学用于为经济社会发展或政府决策提供预警和智力服务等方面的研究人才数量较少。

## （六）社会与人文科学领域科研机构与企业开展科技合作交流有待进一步加强

社会与人文科学领域科研机构与企业开展合作的活跃度不高。2022年，在吉林省社会与人文科学领域科研机构 R&D 经费投入的 8616.8 万元中，企业资金仅为 26.5 万元，占比仅为 0.31%。

# 四 提升吉林省科研机构情报学创新的对策和建议

## （一）加快推进科技体制改革，为科研人员营造优良创新生态

一是建立保障高水平科技自立自强的制度体系。深化财政科技经费分配使用机制改革，提升科技投入效能，激励广大科技人员各展其能、各尽其才。二是探索构建以价值、能力、贡献为导向的科技人才评价体系。全面实施科技创新生态优化工程，大力营造优良创新文化和创新氛围。三是持续为科技人员"松绑减负"，确保科技人员心无旁骛地搞创新。四是加强科研诚信建设，推进科技伦理治理，积极打造风清气正的科研环境。五是在设定职称评审认定指标方面，建议情报类科研机构与自然科学类科研机构采用不同的评价指标体系，例如在对情报类学科科研人员职称评定时，评委会应将科研人员撰写的相关重点咨询报告作为职称认定的重要条件，鼓励科研人员提供高质量实用性研究报告。

## （二）建立各地区会商合作机制，促进地区间科研机构协同创新发展

立足吉林省产业高质量发展需求和各市（州）经济社会发展的重大科技需求，进一步提高吉林省科技资源配置效益，通过政策引导和资金支持，鼓励各市（州）间建立联动创新发展会商机制。通过科研机构、高等院校、企业、科技园区、科技中介、孵化器（众创空间）、科技成果转化平台、信息平台、资本体系、产业体系等各类主体充分整合互补优势特色

资源，建立人才共育、资源、资金、平台和成果共享机制，争取在科技项目创新、开展产业共性技术、关键核心技术攻关以及提升特色产业发展水平等方面协同推进，实现创新服务收益、转移转化收益和投资成果收益全覆盖，全面提升吉林省区域创新发展水平。

## （三）加强对外合作和交流，在"走出去""请进来"实现共赢

吉林省科研机构拥有丰富的人力资源和产出成果，通过政策引导和支持，高效整合资源，拓展合作渠道。进入国内外市场、进入发达省份、进入企业、进入高等院校、进入创新发展水平较高的科研机构，锁定目标，重点对科研机构发展的特色优势领域加强宣传，精准发力科技招商和合作。"点对点"精准对接，不断提高科研机构加强成果转化及产业化引资的精准度和实效性，同时引进国家级科研机构来吉林省建立研发基地，吸引高层次创新人才，为吉林省战略高技术研究提供支撑。

## （四）加强情报信息资源建设，促进科研机构与其他创新主体信息共享

通过整合、集成、分类科研机构、高等院校、企业等公共情报信息资源，建立情报信息资源共享数据库，为科研人员提供方便、高效的信息获取和分享方式，这有助于科研人员及时准确掌握情报信息动态发展，也有助于跨部门、跨领域之间的科研人员合作与交流，提高工作效率和资源利用率。

**参考文献**

谭春辉、毕慧婷、李明磊等：《国家社科基金图书馆、情报与文献学立项主持人性别差异研究》，《高校图书馆工作》2024 年第 1 期。

王知津：《中国情报学理论研究四十年回顾（1980—2019）（三）》，《郑州航空工业管理学院学报》2022 年第 6 期。

李继红、陈宁辉、徐桂珍等：《国家社科基金视域下图书馆、情报与文献学的可视化计量分析》，《农业图书情报学报》2021 年第 5 期。

孔青青、顾娅婕：《新时代情报学能力建设与创新路径——中国社会科学情报学会2019 年学术年会综述》，《文献与数据学报》2019 年第 4 期。

王琳：《社科情报学学科内涵和理论核心问题的思考》，《情报资料工作》2018 年第 6 期。

梁俊兰：《社科情报学理论研究存在的主要问题》，《情报资料工作》2008 年第 6 期。

范并思：《社科情报学理论建设的问题和思路》，《图书馆学通讯》1987 年第 1 期。

# Research on the Method to Strengthen the Innovation Capability of Information Science in Jilin Province Social Science and Technology Institutions

*Ding Yanan   Hong Ying   Zhang Nini   Jing Liwei*

**Abstract**：As an important component of the national science and technology innovation system, science and technology institutions play a significant role in implementing the innovation driven development strategy and enhancing the overall efficiency of the national innovation system. The flourishing development of various disciplines in science and technology institutions provides good support for economic and social development. Among them, the intelligence science of technology institutions can play a leading role as a staff officer for major decisions in economic and social development. Therefore, enhancing the innovation capability of information science in technology institutions is of great significance. The revitalization and development of the old industrial base in Northeast China requires intelligence first. This article takes Jilin Province, a major science and education province with significant advantages, as an example to conduct in-depth research on the innovative role of information science in Jilin Province's scientific and technological institutions, identify advantages and problems, and provide path suggestions for how to enhance the innovation capabilities of scientific and technological institutions in information science.

**Keywords**：Technology Institutions；Informatics；Innovation Ability

# 吉林省科技发展计划项目数据分析

## ——以科研机构为例

姜焱龙　沈　博　倪　梦*

**摘　要：** 吉林省科技发展计划项目对吉林省科学技术研究的发展具有引导与推动作用。近年来，吉林省科研机构在科技创新领域发挥着重要作用，因此本文将围绕吉林省科技发展计划项目对科研机构的支持情况进行多角度的分析，利用文献计量、聚类分析等方法揭示吉林省科研机构的立项情况以及研究热点。结果显示，吉林省农业科学院、中国科学院长春应用化学研究所、中国科学院长春光学精密机械与物理研究所获得的项目较多，主要研究的领域为农学、化学、光学、生态环境、医药健康等，其中玉米秸秆、稀土、复合材料、湿地恢复、盐碱地、光谱、中药制剂等为研究热点。

**关键词：** 聚类分析；吉林省科技发展计划项目；社会网络分析

党的二十大报告指出，坚持创新在我国现代化建设全局中的核心地位，加快实现高水平科技自立自强，加快建设科技强国。并对完善科技创新体系、加快实施创新驱动发展战略等做出专门部署。组织实施科技计划

---

\* 姜焱龙，吉林省绿色能源产业服务中心，研究实习员，主要研究方向为能源科技项目；沈博，吉林省科技创新平台管理中心，助理研究员，主要从事科技项目信息管理；通讯作者：倪梦，吉林省科学技术信息研究所，助理研究员，主要研究方向为科技信息研究。

项目管理，是各地政府落实国家中长期科技发展规划、提升科技创新能力、促进社会经济发展的举措。吉林省科技发展计划项目对吉林省科学技术研究的发展具有引导与推动作用。围绕制约吉林省发展的"卡脖子"问题以及吉林省特色产业，设立重大科技专项和重点研发项目，发挥科技创新对特色产业的引领和支撑作用，促进吉林省特色产业快速发展。

# 一 科技项目的相关研究情况

目前，在文献计量领域，大量的学者关注到科研项目资助情况的相关分析，基金类型、单位分布、作者合作、学科分布等维度的分析层出不穷。刘静、马建霞以国家自然科学基金立项项目及论文产出为分析对象，深度分析我国管理科学的发展现状、研究热点及新兴主题等内容。[1] 王曰芬、岑咏华、范圆圆以美国科学基金数据中人工智能领域为例，结合不同指标测度，从多维度进行整体性的时空刻画和分析。[2] 何静等通过基金项目的熵值法确定电子学与信息系统学科的研究热点。[3] 缪园等通过基金项目的非线性分析来研究国内管理科学与工程的研究热点。[4] 刘蔚等基于科研管理过程中多源异构数据的融合关联方法，构建科技计划项目大数据的分析模型，为各类用户提供精细化数据分析服务，为科技管理决策和科技资源优化配置方案提供指导。[5] 梁伟波以美国国家科学基金 2006~2015 年资助的项目为研究对象，利用文献计量法对物流项目研究计划进行聚类分析并进行可视化，揭示了国外物流研究重点领域

① 刘静、马建霞：《我国管理科学研究进展分析——以国家自然科学基金立项项目及论文产出为分析数据》，《科技管理研究》2015 年第 4 期。
② 王曰芬、岑咏华、范圆圆：《情报研究视角下基金项目数据挖掘与分析——以美国科学基金数据中人工智能领域为例》，《情报科学》2022 年第 12 期。
③ 何静、回文静、马虎兆：《我国电子学与信息系统学科研究热点与发展趋势——基于国家自然科学基金资助项目的熵值法分析》，《现代情报》2009 年第 4 期。
④ 缪园、张伟倩、李媛：《国内管理科学与工程研究热点以及发展趋势——近年国家自然科学基金资助项目的非线性分析》，《科学学与科学技术管理》2007 年第 10 期。
⑤ 刘蔚、屈宝强、陈白雪、赫梦：《基于科技计划项目大数据的情报分析模型研究》，《情报理论与实践》2020 年第 4 期。

和热点主题。[1] 孙菲等对"十三五"期间安徽省新材料领域省级科技计划项目的支持特点和主要成效进行了系统的研究和分析，并探讨了新形势下新材料领域省级科技计划项目下一步工作布局及发展建议。[2] 刘伟、朱政江分析山西省科技计划项目管理模式现状及特点，通过实地调研，提炼出山西省科技计划项目实施过程中存在的主要问题。通过剖析原因，借鉴先进经验，最后提出创新建议。[3]

国内外基金项目已经成为学者关注的热点，基金支持的热点领域及方向能够为科研工作者提供借鉴意义。吉林省科研经费的支出在逐年增加，支持的方向也随热点问题的变化而发生变化。近年来，如何科学有效地从国内外角度评价科研效果愈发成为科研团队及科学决策者关注的热点。鉴于目前基金资助、管理及考核的需求，为全面把握基金资助特点，本文以"十四五"以来科研机构承担的吉林省科技发展计划项目数据为基础，并结合基金资助项目高质量论文产出情况，从承担单位的年度分布、领域分布以及论文产出的年度分布、作者分布、机构分布角度进行分析，并采用共词分析方法深入挖掘分析吉林省科研机构有关科研的发展现状、研究热点及新兴主题等，为科技管理部门以及研究者提供有价值的参考。

## 二　吉林省科技发展计划项目支持情况

### （一）总体情况

2021~2023年，吉林省科技发展计划项目分别支持的项目数为1996项、1686项、2370项，共计6052项。其中科研机构三年分别承担的项目数为288项、246项和337项，共计871项，占比14.39%。

① 梁伟波：《美国NSF资助物流项目的知识图谱分析》，《情报杂志》2016年第10期。
② 孙菲、常颖、储节旺、蒋雅惠：《"十三五"以来安徽省新材料产业立项布局及发展建议》，《安徽科技》2022年第12期。
③ 刘伟、朱政江：《创新生态环境下省级科技计划项目管理模式创新发展研究——以山西省为例》，《科技管理研究》2024年第5期。

## （二）承担单位分布情况

"十四五"以来承担吉林省科技发展计划项目的科研机构共 77 个。在梳理科研机构承担项目频次，并对频次进行排序后，结果显示吉林省农业科学院承担项目频次最多，为 189 次，说明在科研机构中，吉林省科技发展计划项目对吉林省农业科学院的支持较多。总体情况如图 1 所示。

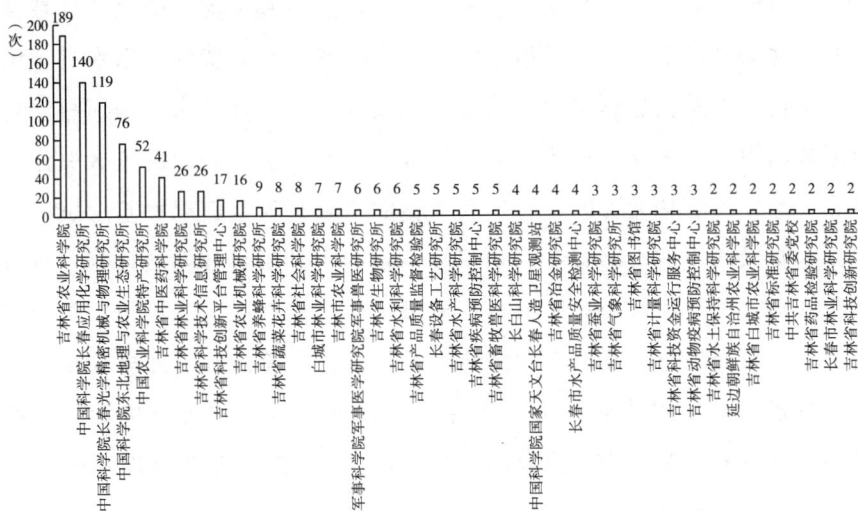

**图 1　承担单位分布情况**

资料来源：作者根据相关网站整理自制。

## （三）项目类别分布情况

吉林省科技发展计划项目类别共有 7 类，科研机构获得吉林省自然基金项目 176 项、省重点研发项目 340 项、省重大专项 21 项、技术创新引导项目 86 项、创新平台项目 88 项、人才专项 104 项、创新发展战略研究 54 项，各科研机构所承担的具体类别如图 2 所示。省重点研发项目包括产业关键核心技术攻关、农业领域、工业领域、医药健康领域、社会发展领域以及产学研协同创新研究，首先，农业领域项目最多有 133 项，其中吉林省农业科学院承担 55 项、中国农业科学院特产研究所 14 项、吉林省农业机械研究院 10 项。其次，省重点研发项目中医药健康领域共支持 61 个项目，支持吉林省中医药科学院 23 项、中国科学院长春应用化学研究所 14 项、中国农业科学院特产研究所 8 项。

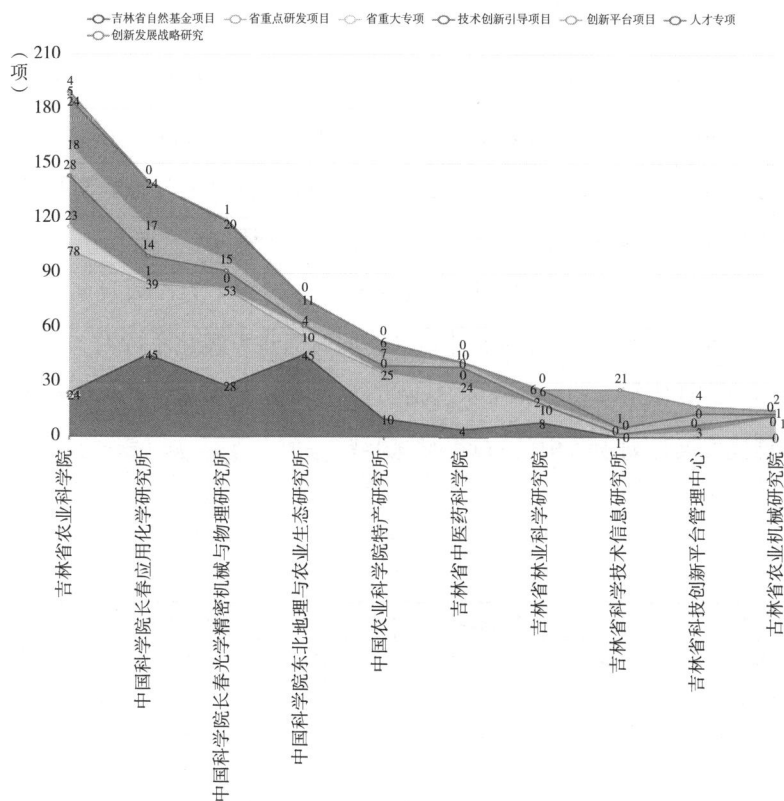

**图 2　项目类别分布情况**

资料来源：作者根据相关网站整理自制。

综上所述，本文以吉林省科技发展计划项目 2021~2023 年对科研机构的支持情况进行了多角度分析，通过统计分析结果侧面了解到科研机构的科研能力，以及科研单位的领域优势。在了解整体情况的同时，本文通过对项目名称进行微观分析，能够进一步探索省科技发展计划项目对吉林省科研机构支持的具体领域。

# 三 吉林省科技发展计划项目知识图谱分析

## （一）2021~2023年关键词分析

本文将2021~2023年承担单位为科研机构的立项信息转换为CiteSpace可分析的WoS格式的文本文件。然后将文件数据导入CiteSpace，以项目名称作为分析项绘制知识图谱。首先对项目名称进行分词处理，对同义词及无意义的词进行删除或替换，例如对"基于""研究""推广"等词进行删除。下一步对处理后的关键词进行词频统计，表1为以项目名称作为关键词的词频大于等于10次的统计结果。同时通过可视化手段对关键词进行词云展示，具体结果如图3所示，通过以上分析能够观察吉林省科研机构在省科技发展计划项目中的重点研究领域。

### 表1 2021~2023年项目名称关键词统计结果

单位：次

| 关键词 | 词频 | 关键词 | 词频 | 关键词 | 词频 |
|---|---|---|---|---|---|
| 吉林省 | 134 | 光谱 | 19 | 临床 | 13 |
| 玉米 | 57 | 秸秆 | 19 | 制剂 | 13 |
| 高效 | 47 | 农业 | 17 | 绿色 | 13 |
| 选育 | 41 | 提升 | 17 | 中药 | 12 |
| 材料 | 40 | 大豆 | 17 | 激光 | 12 |
| 资源 | 36 | 栽培技术 | 16 | 微生物 | 12 |
| 新品种 | 35 | 稀土 | 15 | 碳 | 12 |
| 种质 | 35 | 人参 | 15 | 近红外 | 11 |
| 生物 | 28 | 水稻 | 15 | 盐碱 | 11 |
| 分子 | 24 | 长白山 | 15 | 肿瘤 | 11 |
| 土壤 | 23 | 高产 | 14 | 激光器 | 10 |
| 治疗 | 23 | 动物 | 14 | 黑土 | 10 |
| 纳米 | 22 | 西部 | 14 | 表面 | 10 |
| 生态 | 21 | 病毒 | 13 | 品种 | 10 |
| 基因 | 20 | 防控 | 13 | 诊断 | 10 |
| 湿地 | 20 | 光学 | 13 | 颗粒 | 10 |

资料来源：作者根据相关网站整理自制。

**图 3　2021～2023 年项目名称关键词词云图**

资料来源：作者根据相关网站整理自制。

## （二）关键词聚类分析

通过词云图可以清晰地了解吉林省科研机构的重点研究方向，但是关键词之间的关联度无法判断，下文将逐年对项目名称进行关键词聚类分析，并了解它们之间的关联度。通过对高频关键词计算共现矩阵，进而进行聚类分析，并进行可视化。节点大小代表高频词出现词频的高低，边的粗细代表词间共现次数。每个节点在网络中的重要程度通过节点中心性来表示，节点中心性分为点度中心性、接近中心性以及特征向量中心性等。其中点度中心性值越大表明相应的节点在网络中越重要，用与其直接连接的节点个数来度量。说明关键词的点度中心性越高，即与其共现的关键词越多，表明该关键词在网络中比较重要，是研究的热点。

1. 2021 年关键词聚类分析

首先对项目名称进行分词处理，并清洗关键词，对 1120 个关键词清洗处理后，选取词频大于等于 10 次的关键词作为高频词并分析高频关键词共现矩阵，并利用聚类分析方法进行可视化处理，得到如图 4 所示的知识图谱。

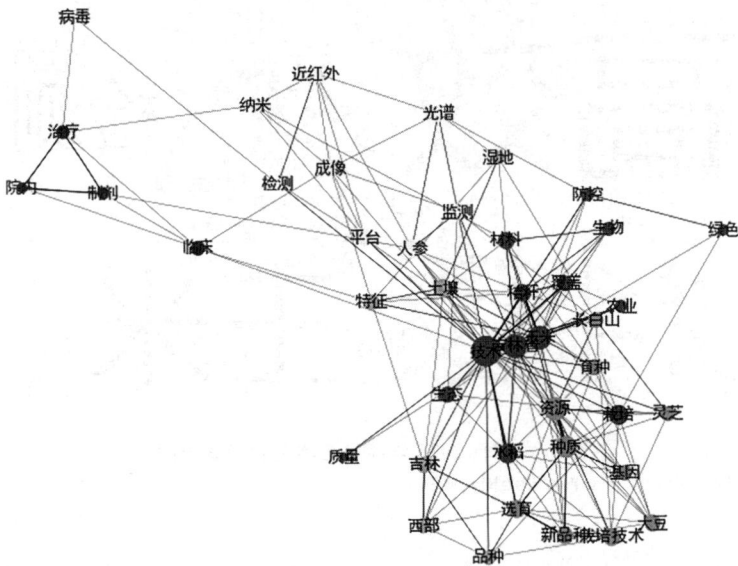

**图 4　2021 年高频词聚类分析结果**
资料来源：作者根据相关网站整理自制。

通过对关键词共现网络进行聚类分析，最后得到 43 个节点，169 条边。从图中可以看出对网络进行聚类得到 5 个主题，主要围绕的是农作物领域、特色植物领域、光学领域、湿地生态环境领域和医药健康领域。其中农作物领域的项目主要水稻种植技术、玉米秸秆、新品种选育和防控等技术的相关研究，特色植物领域主要包括灵芝栽培、人参检测等领域的研究，光学领域主要集中在成像、光谱等领域的研究，湿地生态环境领域主要是对湿地保护、湿地恢复等的研究，医药健康领域主要表现在制剂治疗，中医药领域的相关研究。

2.2022 年关键词聚类分析

同样按照对 2021 年数据处理方法，对项目名称进行分词处理，并清洗关键词，关键词共计 1020 个，选取词频大于等于 10 次的关键词作为高频词并分析高频关键词共现矩阵，并利用聚类分析方法进行可视化处理，得到可视化结果，如图 5 所示。

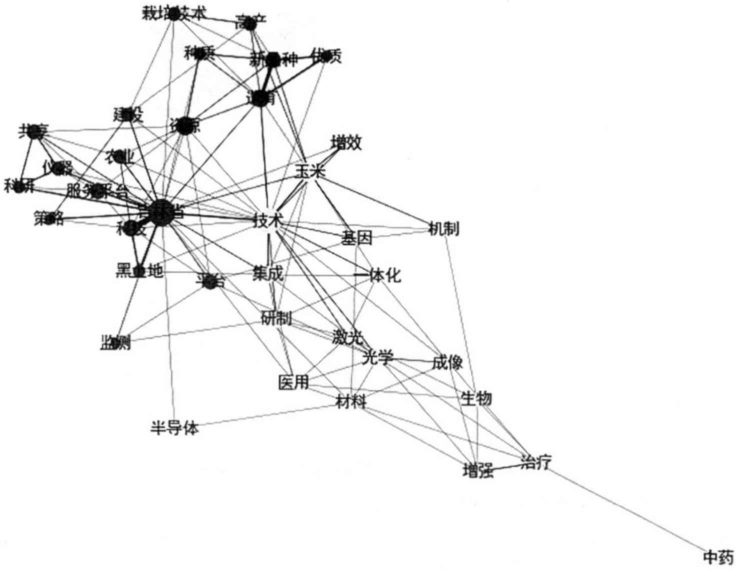

**图 5　2022 年高频词聚类分析结果**

资料来源：作者根据相关网站整理自制。

通过对关键词共现网络进行聚类分析，最后得到 37 个节点，121 条边。从图中可以看出对网络进行聚类得到 3 个主题，主要围绕的是光学、农学和科技战略等领域的研究。通过图中节点间连接线的粗细可以发现，新品种与选育、玉米与基金间关联较大，说明 2022 年吉林省科技发展计划项目在新品种选育和玉米基金等领域给予较大的支持。科研仪器共享直接联系也较为紧密，说明对科研机构的仪器共享给予支持。同时发现，医疗领域与材料、光学等领域进行了学科交叉融合研究。

3.2023 年关键词聚类分析

对 2023 年项目名称进行同样的处理，经统计，关键词共计 1377 个，选取词频大于等于 10 次的关键词作为高频词并分析高频关键词共现矩阵，并利用聚类分析方法进行可视化处理，得到可视化结果，如图 6 所示。

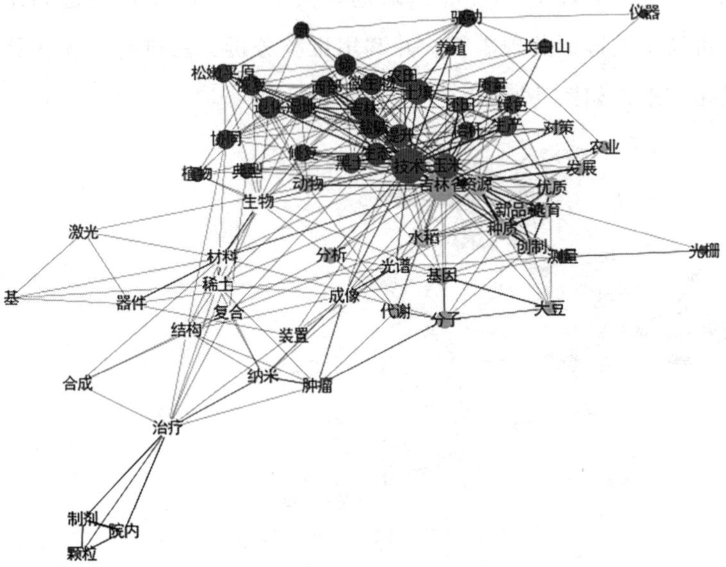

**图 6　2023 年高频词聚类分析结果**

资料来源：作者根据相关网站整理自制。

通过对关键词共现网络进行聚类分析，最后得到 67 个节点，339 条边。从图中可以看出对网络进行聚类得到 5 个主题，与 2021 年和 2022 年的研究主题一致。但是通过对比可以发现，2023 年，科研机构对环境领域中的吉林西部盐碱地、湿地恢复和退化以及松嫩平原研究较多。农业领域仍对玉米秸秆还田技术研究关注较多。化学领域出现对稀土、复合材料的主题研究。

## 四　结语

本文通过宏观和微观两个角度对吉林省科研机构获得吉林省科技发展计划项目支持情况进行了多维度分析。从宏观层面，本文分析了支持的项目类别、单位分布以及重点研究领域分布情况。结果显示，单位分布上，吉林省农业科学院获得的项目最多，中国科学院长春应用化学研究所次之，中国科学院长春光学精密机械与物理研究所排第三位，中国科学院东北地理与农业生态研究所排第四位，中国农业科学院特产研究所排第五位，上述科研机构主要从事农业、化学、光学、环境生态等领域的研究。从微观层面，本文展示了科研机构的热点研究主题，发现农业领域主要以玉米、大豆、新品种选育为热点研究，化学领域主要以稀土、复合材料、医用化学材料作为研究热点，光学领域主要从光谱、激光、成像等角度进行研究，医疗健康领域中制剂、颗粒、中药等研究较多。

# Data Analysis of the Science and Technology Development Plan of Jilin Province：A Case Study of Scientific Research Institutions

*Jiang Yanlong　Shen Bo　Ni Meng*

**Abstract**：The science and technology development program of Jilin Province exerts a guiding and promoting influence on the advancement of science and technology research within our province. In recent years, scientific research institutions in our province have played a crucial role in the domain of scientific and technological innovation. Therefore, this paper will carry out a multi-angled analysis of the support provided to scientific research institutions by the provincial science and technology development plan and disclose the project establishment and research hotspots of scientific research institutions in our province by employing methods such as bibliometrics and cluster analysis. The results indicated that Jilin Academy of Agricultural Sciences, Changchun Institute of Applied Chemistry, Chinese Academy of Sciences, Changchun Institute of Optics, Fine Mechanics and Physics, Chinese Academy of Sciences obtained more projects, mainly in the fields of agronomy, chemistry, optics, ecological environment, medicine and health, etc. Among them, corn straw, rare earth, composite materials, wetland restoration, saline-alkali land, spectrum, and traditional Chinese medicine preparations are the research hotspots.

**Keywords**: Cluster Analysis; Science and Technology Development Plan of Jilin Province; Social Network Analysis

# 涉农类科研机构科技创新能力
# 提升路径的思考

司方方[*]

**摘　要：**本文分析了农业科技创新的现状、含义、影响要素和特征，并从农业科技创新队伍、科技成果转化、科研评价机制以及创新文化等方面提出了提升科技创新能力的建议。

**关键词：**涉农类科研机构；科技创新；提升路径

农业科技创新是推动农业高质量发展的原动力，习近平总书记强调，农业出路在现代化，农业现代化关键在科技进步和创新[①]。涉农类科研机构是农业科技创新的主力军，主要任务包括开展农业科学基础研究，研发关键核心技术、创造农业科技新成果、进行科技成果转化、培养农业科技人才等，其科技创新能力深刻影响着国家农业科技创新的整体水平。因此，研究如何强化提升涉农类科研机构科技创新能力，更好地发挥涉农类科研机构的作用，具有重要的意义。

## 一　农业科技创新的含义

科技创新是原创性科学研究和技术创新的总称，是指创造和应用新知识和新技术、新工艺，采用新的生产方式和经营管理模式，开发新产品，

---

　*　司方方，中国农业科学院特产研究所，副研究员，主要研究方向为农业科技管理。

　①　曹璇：《内蒙古现代科技创新治理体系研究：基于整体性治理视角》，《内蒙古大学学报》（哲学社会科学版）2023 年第 5 期。

提高产品质量，提供新服务的过程①。广义的农业科技创新是指根据现代农业发展的要求，一系列创新主体（包括农业科研机构、大学和农业生产企业等），运用新组织形式，采用新体制机制，研发新技术，创造新成果，推进农业经济发展并取得实际效果的活动或过程，其实质是农业科技成果研究、开发并在农业中示范应用的全过程②。

## 二 涉农类科研机构科技创新能力影响要素

### （一）科技创新能力要素分析

农业科技创新活动是一个复杂的网络系统，它是由创新主体、创新资源、创新机制、创新环境等关键要素形成的相互关联、相互协作的体系。其中创新主体是农业科技创新的核心要素，创新机制是必要条件和重要保障，创新资源是前提。

### （二）科技创新能力的特征

1. 综合性与整体性

科技创新能力是多种要素有机结合于一体的体系，不同要素之间相互联系又相互独立，在多样化的创新要求下，各个要素相互作用下共同推动了创新能力的发展③，展现了综合效应。

2. 动态性与积累性

农业科技创新不是静态的过程，而是一个不断创造新知识、发明新技术并推广应用于生产实践，不断推动农业经济发展的动态过程④。同时，创新能力是从实际需求出发，在广泛学习和借鉴他人知识经验的基础上创

---

① 习近平：《论"三农"工作》，中央文献出版社，2022。
② 张艳丽：《农业科研机构科技创新能力的影响因素分析》，《农业科技通讯》2020年第4期。
③ 解鹃、陈霆、郭鹏、郑建伟：《新形势下农业科技创新体系进展研究》，《农业经济》2024年第6期。
④ 姜丽华：《农业科研机构科技创新能力评价的理论与方法研究》，中国农业科学院博士学位论文，2014。

造新成果，是一个优势积累的过程。

### 3. 复杂性与不确定性

农业科技创新是一个从研发到生产应用的复杂过程，参与因素和涉及环节众多。只有充分认识并发挥每一个参与因素的特点及作用，才能推动科技创新能力的发展。科技创新的复杂性也增加了其风险性，任何因素或环节发生变动都加重了结果的不确定性。

### 4. 地域性与环境性

农业生产受自然条件和地域环境的影响较大，这使科技创新具有鲜明的地域性。受自然条件或者区域环境的制约，只有适宜当地条件的农业科技创新才能不断发展。

### 5. 公共性与社会性

我国农业生产承担着保障国家粮食安全、生态安全、资源环境安全等事关社会稳定服务职能，具有明显的公益性质①。农业科技创新成果服务于"三农"工作，注重公共利益，在一定程度上呈现公共物品的特征，具有明显的社会公益性。另外，农业生产的开放性、分散性，也使农业科技创新呈现明显的外部性，社会效益远大于经济效益。

## 三 涉农类科研机构科技创新能力现状

### （一）农业科技创新机制亟待完善

横向、纵向协同创新机制亟待完善。不同层级或同一层级农业科研机构之间缺乏协同创新机制，导致低水平重复研究增多，科技资源配置浪费严重②。缺乏适合的绩效评价激励机制。农业科研人员是开展科技创新的第一要素。目前涉农类科研机构绩效评价和科研人员评价仍以量化评价为主，论文、获奖、专利等科研成果的数量是评价的主要标准，难以衡量成

---

① 张宪法、陈彦宾：《对农业科研机构功能定位的再思考——辽宁省农业科学院调研启示》，《农业科技管理》2007 年第 2 期。

② 王雅鹏、吕朋、范俊楠、文清：《我国现代农业科技创新体系构建：特征、现实困境与优化路径》，《农业现代化研究》2015 年第 2 期。

果质量和影响力①。绩效评价体现了价值导向，一刀切的量化评价忽视了农业科技创新的特点，在一定程度上无法有效调动科研人员的积极性和主动性，激发科技创新活力。

## （二）农业科技创新投入亟待增加

加大对农业科技创新投入是实现农业科技创新的基础和保障。农业科技创新投入可以提升农业生产效率、优化农业结构，提升农产品市场竞争力②。我国的农业经济增长已从传统农业生产要素投入转变为主要依靠农业科技创新投入驱动，农业科技创新投入已成为影响我国农业经济增长的主要决定性要素。随着国家实施乡村振兴战略，深化农业供给侧结构性改革，农业科技创新投入呈现增长趋势，但仍存在规模和强度不够、区域投入不平衡、资源配置不合理、利用效率不高等问题，亟须加大投入，特别是人力资本方面的投入，以满足农业高质量发展的需求③。

## （三）农业科技成果转化亟待加强

科研项目立项缺乏市场导向。很多科研项目以发表论文的数量作为重要的考核验收标准，缺乏科技成果市场应用情况考评，这导致科研成果和生产时间严重脱节，一方面科技投入无法产出满足市场需求的成果，科技供给不足；另一方面农业科技创新缺乏长期稳定的资金支持，这也导致部分成果既无法实现转化应用，也无法继续进行研究，造成严重资源浪费。另外农业科技成果具有周期长、风险高的特点。缺乏必要的成果小试、中试和熟化平台，成熟度不高的成果只能停留在实验室阶段，很难进行转化。除了平台外，科技推广服务体系不完善、信息不对称等也是影响成果应用的重要因素。因此如何打通科技推广"最后一公里"仍然是农业科技

---

① 冯晓赞、胡铁华、杨泽宇、刘涛：《关于农业科研人员绩效评价改革的几点思考》，《农业科技管理》2020年第2期；胡铁华、冯晓赞、董照辉：《农业科研机构评价实践探索与思考——以中国农业科学院研究所评价为例》，《农业科研经济管理》2022年第2期。
② 孙欣：《农业科技创新投入对农业经济增长的影响分析》，《河南农业》2024年第10期。
③ 邓翔、王仕忠：《农业科技创新投入对农业经济增长影响研究》，《东岳论丛》2020年第12期。

成果转化面临的主要难题①。

## 四 涉农类科研机构科技创新能力提升路径思考

### （一）加强农业科技创新人才队伍建设

人才是第一生产力，人才队伍是农业科技创新的生力军，人力资本投入对科技创新具有明显的促进作用。只有着力加强创新人才队伍建设，真正发挥科技人才在创新中的核心要素作用，才是实施创新驱动发展战略的重要途径②。涉农类科研机构要加强科技创新队伍顶层设计，建立人才培养、选任模式，开展人才培养、选任计划，以人才队伍可持续发展能力为主线，坚持引育结合的方式，重点打造德才兼备的科技领军人才，着力培养青年后备人才，建设一支规模适宜、结构合理、作用突出、充满活力的农业科技创新人才队伍，不断推动农业科技创新能力提升③。

### （二）建设农业科技成果转化平台

农业科技成果转化是农业技术创新的重要组成部分。针对农业科技成果转化面临的困境，涉农类科研机构需要进一步理顺农业科技成果转化框架，创新成果转化服务模式，主动了解科研人员的研究动态，发现并紧密跟踪有转化潜力的科技成果，建立科企合作模式，发挥企业在创新和转化中的引领作用，引导科研人员将研究领域与市场需求紧密相连，加快新成果、新技术的示范展示和转化应用。建设农业科技成果转化平台，搭建成果供给与需求有效对接的桥梁，加速农业科技成果集成、中试、孵化和示范，打造农业新型研发机构。

---

① 曹子建、吴永常、陈学渊：《中国农业科技成果转化：演变历程、发展现状及优化路径》，《中国科技论坛》2023年第10期。

② 师雪茹、陈刚、张捷敏、张君、陈仪茹：《农业科研机构创新人才队伍建设研究》，《中国热带农业》2018年第3期。

③ 唐晓婉、陈芳：《国家级农业科研机构人才队伍建设》，《人才资源开发》2021年第12期。

## （三）推进农业科技评价机制创新

科技评价是推进农业科技创新、优化资源配置、激发创新活力的重要手段之一，也是增强科技竞争力、促进我国农业高水平可持续发展的重要保障。目前，除了进行科研实力的评价外，还应加强涉农类科研机构影响力评价，即科研成果和科研行为对社会的影响，从而准确反映出科研机构的社会贡献和口碑①。另外，针对农业科研人员，科研机构不应简单地应用定量或定性评价，应创新评价机制，建立科学的评价体系，推进实施分类评价；同时建立物质和精神双重激励机制，激励科研人员取得重大科技成果。

## （四）强化农业科技创新文化建设

文化和精神因素是现代农业科研机构管理的重要资源，在科技创新能力提升中发挥着价值引领和精神动力的作用，是驱动科技创新的重要因素。涉农类科研机构应加强创新文化建设，增进科技创新与精神文化的融合度。要始终坚持"以人为本"的理念，营造积极向上、公平公正、人文关怀的文化氛围，让职工产生强烈的集体认同感和归属感，增加凝聚力，从而形成合力推动创新能力提升。同时，良好的创新文化氛围，能增强职工科技支撑农业强国建设的使命感、责任感，充分调动个人主观能动性，提高科技创新水平，丰富科技创新手段，最终推动科技创新发展②。

## （五）加大农业科技创新投入力度

首先增加对农业科技创新长期稳定性投入，支持科研人员稳定、持续地开展农业科学研究。其次调整投入结构，建立以市场为导向的投入机制，加大对"产后"投入，鼓励科研机构和生产企业联合开展成果转化和技术创

---

① 郑钊光、杨永坤、欧阳灿彬、李思经：《基于影响力的农业科研机构评价问题研究》，《农业科技管理》2021 年第 3 期。

② 刘蓉蓉：《农业科研机构加强组织文化建设的实践研究》，《农业科技管理》2024 年第 2 期；贾淑品：《科技创新赋能社会主义文化强国建设》，《甘肃社会科学》2024 年第 1 期。

新。再次提高科技投入效率，建立协同机制，优化资源配置，鼓励国家、地方、区域、省份不同层级科研机构、大学、企业等科技创新主体有机衔接，明确分工，避免重复投入，提高资金利用率，推动科技创新良性循环。

综上所述，创新要素是提升创新能力的推动剂，涉农类科研机构只有认真分析科技创新现状，及时发现影响科技创新能力的要素，充分发挥各个要素的作用，明确创新能力提升的路径，才能够有效提高科技创新水平，在竞争激烈的环境中获得生存和发展的机会，进而提升我国农业科技创新整体水平，促进农业现代化发展。

# Thoughts on how to Enhance the Technological Innovation of Agricultural Research Institutions

*Si Fangfang*

**Abstract**：This paper analyzes the present situation, meaning, influencing factors and characteristics of agricultural science and technology innovation, the paper also puts forward some suggestions on how to improve the scientific and technological innovation from the aspects of agricultural innovation team, transformation of scientific and technological achievements, mechanism of scientific research evaluation and innovation culture.

**Keywords**：Agricultural Institute；Innovation；Promotion Access

# 国内科研机构评估研究的现状和启示

胡璐璐*

**摘　要：**本文通过梳理国家层面、吉林省层面关于科研机构的相关政策，总结中科院科研机构评估体系发展历程及评估考核重点，力求为吉林省推动科研机构评估工作提供有益借鉴。本文建议在未来推动机构评估实践活动中，吉林省需要注重评估制度建设，保障科研机构功能定位不变；组合使用同行评议、定量测评、自评估、现场评估、第三方评估等方法，学习已有评估实践经验，探索建立适合吉林省科研机构的评估实践指南；引入包括大学、智库、研究所等各类第三方专业评估机构，形成根据不同评估需求选择合理的专业化评估方法体系；建立有进有出的动态调整机制，强化评价结果运用，尝试扩大评价结果在创新政策制定、科技发展计划指南编制、人才推荐、科技项目评审等场景中的影响力。

**关键词：**机构评估；科技评价；分类评价

习近平总书记在"科技三会"上讲话强调要改革科技评价制度，建立以科技创新质量、贡献、绩效为导向的分类评价体系①。

科研机构评估是结合社会发展的需要和机构自身设置定位等实际情

---

＊　胡璐璐，吉林省科学技术信息研究所，副研究员，主要研究方向为科技评估、科技管理。

① 黄崇江、刘霞：《科研院所科技评估体系的实证分析探讨》，《科研管理》2018 年第 S1 期。

况，提出评估方案，调整评估指标体系的设置进行综合评价的过程。本文通过梳理国家层面、吉林省层面关于科研机构的相关政策，总结中科院机构评估体系发展历程及考核重点，力求为吉林省推动科研机构评估工作提供有益借鉴。

# 一 国内机构评估相关政策文件梳理

科研机构是我国创新体系的重要组成部分，在经济社会发展和科技进步中扮演着至关重要的角色。科研机构评估作为科技管理的重要手段和有力工具，在促进科研机构健康发展中发挥着积极作用，其重要性日益凸显。

从国家层面来看，政府部门一直高度重视科研机构评估工作，出台了一系列政策进行引导和规范，对科研机构评价体系进行了较为详细的战略规划部署，与科研机构评估相关的政策及重点内容如表 1 所示。

表 1　国家层面有关机构评估相关政策及重点内容

| 时间 | 发布机关 | 文件政策 | 重点内容 |
|------|---------|---------|---------|
| 2003 年 | 科技部 | 《科学技术评价办法（试行）》 | 明确了对研究开发机构的评价办法，为未来机构评价工作奠定了坚实的基础 |
| 2012 年 | 中共中央、国务院 | 《关于深化科技体制改革加快国家创新体系建设的意见》 | 明确指出了机构分类评价的改革方向。根据不同类型科技活动的特性，注重科技创新质量和实际贡献，制定导向明确、激励约束并重的评价标准和方法。科研机构将进行定期评估，依据评估结果调整和确定支持策略和资源分配 |
| 2013 年 | 教育部 | 《关于深化高等学校科技评价改革的意见》 | 实行科学的分类评价。对高校创新平台（机构、基地）实行以综合绩效和开放共享为重点的评价。围绕创新质量、服务贡献、科教结合、人才队伍、机制文化等方面开展评价 |
| 2016 年 | 科技部、财政部、国家发展和改革委员会 | 《科技评估工作规定（试行）》 | 科研机构评估将全面覆盖其发展目标、人才培养与发展、基础设施、创新能力和服务水平、运行机制、组织管理等方面 |

续表

| 时间 | 发布机关 | 文件政策 | 重点内容 |
|---|---|---|---|
| 2017 年 | 科技部、财政部、人力资源部和社会保障部 | 《中央级科研事业单位绩效评价暂行办法》 | 将管理指标纳入考核体系。对中央级科研事业单位开展绩效评价的基本原则、任务分工、绩效目标与指标制定、评价内容与指标、评价程序、评价结果与应用等作了详细部署 |
| 2018 年 | 中共中央办公厅、国务院办公厅 | 《关于深化项目评审、人才评价、机构评估改革的意见》 | 完善科研机构评估制度。建立中长期绩效评价制度。根据科研机构从事的科研活动类型，分类建立相应的评价指标和评价方式。以 5 年为评价周期，对科研事业单位开展综合评价，涵盖职责定位、科技产出、创新效益等方面 |
| 2019 年 | 中共中央办公厅、国务院办公厅 | 《关于进一步弘扬科学家精神加强作风和学风建设的意见》 | 优化评价机制，确立科研机构的中长期绩效评估体系，增强对杰出科研人员和创新团队的持续支持，同时避免过度追求排名，确保评价真正促进科研质量和创新 |
| 2020 年 | 科技部 | 《关于破除科技评价中"唯论文"不良导向的若干措施(试行)》 | 在对中央级科研事业单位的绩效评价中，将重点考察其完成国家使命和宗旨的能力，同时评估其科研成果的学术价值及其在学术界和社会中的影响力 |
| 2024 年 | 科技部 | 《科研机构评估指南》（GB/T 43803—2024） | 明确了分类评估重点，提出了科研机构组建期立项评估、验收评估和运行期状态评估、绩效评估的评估内容与重点 |

资料来源：作者根据相关网站整理自制。

2018 年 7 月中共中央办公厅、国务院办公厅印发的《关于深化项目评审、人才评价、机构评估改革的意见》，强调在评价实施过程中必须坚持分类评价的原则。2024 年 3 月，国家标准《科研机构评估指南》（GB/T 43803—2024）正式发布并实施，作为科研机构评估活动的依据性文件指导评估人员开展分层次、有重点的科技评价工作，具体包括评估的类型、依据、基准、程序、方法和结果应用。该指南特别强调了在科研机构的组建期进行立项和验收评估，以及在运行期进行状态和绩效评估的重点内容。该指南的实施对于规范我国科研机构的评估工作，推动科技评价体系改革，以及优化科研管理和资源配置具有深远影响。

在科研机构类别方面，根据 2017 年科技部、财政部、国家发展和改革委员会三部门印发的《国家科技创新基地优化整合方案》，优化调整现有国家级科技创新基地和平台，新的调整序列如表 2 所示。除了国家实验室外，不同类别国家科技创新基地都有相应的建设方案、管理办法、评估方案或评价工作指南，评估考核内容各有侧重，大多数类别科创基地委托专业的第三方机构进行评估活动，评估周期一般为 2 年、3 年、5 年。

表 2　优化后的国家科技创新基地相关文件、考核内容等情况

| 名称 | 已出台相关文件 | 重点考核内容 | 评价方式 | 周期 |
|---|---|---|---|---|
| 国家实验室 | — | — | — | — |
| 国家重点实验室 | 《国家重点实验室建设与运行管理办法》《国家重点实验室评估规则》 | 研究水平与贡献、队伍建设与人才培养、开放交流与运行管理 | 定期评估与年度考核有机结合；委托和指导第三方评估机构开展评估工作 | 5 年 |
| 国家工程研究中心 | 《国家工程研究中心管理办法》《国家工程研究中心评价工作指南（试行）》 | 服务国家战略、推动产业发展、强化自身建设 | 第三方机构 | 3 年 |
| 国家技术创新中心 | 《国家技术创新中心建设运行管理办法（暂行）》 | 创新能力、服务绩效 | 第三方机构 | 3 年 |
| 国家临床医学研究中心 | 《国家临床医学研究中心管理办法（2017 年修订）》《国家临床医学研究中心运行绩效评估方案（试行）》 | 建设水平、科研产出、公共服务等 | 专业评估机构 | 3 年 |
| 国家科技资源共享服务平台 | 《国家科技资源共享服务平台管理办法》 | 科技资源整合能力、服务成效、组织运行管理及专项经费使用情况等内容，特别是完成国家任务情况或支撑国家任务实施情况 | 采取用户评价、门户系统在线测评和专家综合评价等方式 | 2 年 |
| 国家野外科学观测研究站 | 《国家野外科学观测研究站管理办法》《国家野外科学观测研究站建设发展方案（2019-2025）》 | 野外站观测质量、研究成果和水平、示范成效、人才队伍、基础设施、开放共享与运行管理水平等 | 专业评估机构 | 5 年 |

资料来源：作者根据相关网站整理自制。

## 二 中科院科研机构评估模式

中国科学院研究所评估一直是我国科研机构评估的典型，在引领我国科研机构评估制度建设和实践中发挥了重要作用。本文梳理现有资料，整理中科院科研机构评价体系发展历程，如表3所示。

**表3 中科院科研机构评价体系发展历程**

| 时间 | 评价体系 | 机构分类 | 评价重点 | 主要成果产出形式或绩效指标 |
|---|---|---|---|---|
| 1993~1997年 | 中国科学院第一次分类评价（"蓝皮书"评价体系） | 基础研究类 | 注重科研绩效的创新性、研究成果向国际水平看齐 | 科技论文、专著、国家科技奖、国际荣誉 |
| | | 高技术研究与发展类 | 经济效益 | 科技论文、科研成果、专利 |
| | | 资源环境与可持续发展类 | 社会效益 | 宏观决策咨询报告 |
| 1998~2004年 | 中国科学院第二次分类评价（二元评价体系） | 基础研究系列 | 原始性创新和研究水平 | 科技论文、国家科技进步奖 |
| | | 高技术研究与发展系列 | 为经济、社会发展和国家安全解决的重大、关键科技问题 | 发明专利、国家科技进步奖、发明奖及标准制定 |
| | | 社会可持续发展科技研究系列 | 为国家的宏观决策提供重大咨询建议，为社会可持续发展作重大贡献 | 为国家领导人和中央部委提供咨询报告 |
| | | 产业化系列 | 成果转化，促进高技术产业化发展 | 成果转让及研究所在其控股、参股公司的所有者权益 |
| 2005~2010年 | 综合质量评估体系 | 研究所自评估、院外专家对成果的同行评议、院内专家对同一领域内研究所的交流评议、机关管理专家到研究所的现场评估、研究所年度基础数据定量监测等5个单项评估环节，以及专家综合决策分档环节 | | |

续表

| 时间 | 评价体系 | 机构分类 | 评价重点 | 主要成果产出形式或绩效指标 |
|------|---------|---------|---------|------------------------|
| 2011年至今 | 重大成果产出导向评价体系 | 卓越创新中心 | 致力于科学和技术原创，重在研究质量和影响，国际同行评议 | 致力于解决关键科学问题，开拓前沿研究领域，发明创新科学仪器，创新实验方法，培养国际顶尖科学家，并提出具有深远影响的前瞻性科学理念 |
| | | 创新研究院 | 侧重服务经济发展和国家安全，重在目标完成和采用情况，同行、用户和市场评价 | 在关键核心技术上实现突破，提供全面的系统解决方案，创造新工艺和新标准，孵化新兴产业和企业，通过技术辐射带来显著经济效益，并针对国家战略需求进行原始创新，同时培养一流的战略科技专家和工程技术人才 |
| | | 大科学研究中心 | 公共大型科技创新平台，重在建设目标完成情况和运行效率、重大产出，用户和同行评价 | 推动科技服务的开放共享，确保其高效运行并满足用户需求，依托大型科学设施实现重大科技突破，为国家提出被采纳的科学设施规划建议，培养顶尖的科学家和工程师 |
| | | 特色研究所 | 侧重服务社会可持续发展，重在质量、效益和影响，用户和同行评价 | 为宏观决策和可持续发展提供科学的建议和解决方案，在专业领域内构建新理论、新方法、新标准和新工具，积累并开放共享基础数据，构建分析技术平台，同时培养一流的科学家、战略科技专家和技术专才 |

资料来源：作者根据相关网站整理自制。

  中科院科研机构评估模式作为机构评估的重要实践，主要经历四个发展阶段①。1993 年开始第一次分类评价，将其下属研究所分为基础研究类、

① 肖利：《我国国立科研机构分类评价的理论与实践》，《中国科技论坛》2004 年第 4 期。李晓轩、徐芳：《"四唯"如何破：中国科学院研究所评价的实践和启示》，《中国科学院院刊》2020 年第 12 期。

高技术研究与发展类、资源环境与可持续发展类，只对简单的成果数量定量排名进行评估。21 世纪初前后开展第二次分类评价，将资源环境与可持续发展类机构变更为社会可持续发展科技研究系列、产业化系列机构，引入目标完成度定性评价，采用定性评价和定量评价加权计算的方式进行机构评估。2005 年演变为包括"五项单项评估+专家综合决策分档"的综合质量评估体系，再到从 2011 年至今采取的重大成果产出导向评价体系，针对其卓越创新中心、创新研究院、大科学研究中心、特色研究所等 4 类新型机构的评估，采用差异化的评价方法，并在评议要点和评价标准上突出功能定位的特殊性①。

机构评估改革方向一直朝着强调质量评价和分类考核方向变化，注重创新成果的质量和实际贡献，注重评估技术研发类机构在科技成果转化、促进产业发展方面的成效，注重评估公益性研究类机构产出成果的绩效、社会责任履行效果等方面，注重评估基础研究类机构的代表性成果水平、国际学术影响力、经济社会发展以及国家重大需求中的贡献等方面，而不是简单地以论文数量作为评估重要考核指标。

## 三　吉林省相关政策文件梳理

从吉林省层面来看，省政府、省科技厅、省财政厅等出台了《吉林省技术转移体系建设方案》《吉林省科技创新平台管理办法（试行）》等一系列文件，如表 4 所示。在树立正确的机构评估导向，破除过度看重论文数量、影响因子等不良倾向，科学制定评价原则与标准等方面做出了诸多努力。吉林省各类科研机构相关文件、考核评估重点等情况如表 5 所示，吉林省重点实验室有专门的管理办法，评估周期为 5 年，而吉林省科技创新中心一般依照《吉林省科技创新平台管理办法实施细则（试行）》等文件进行定期评估，评估周期一般为 3 年。

---

① 徐芳、周长海：《中国科学院研究所国际评估的回顾与展望》，《中国科学院院刊》2020年第 12 期。

表 4　吉林省层面有关机构评估相关政策及重点内容

| 时间 | 发布机关 | 文件政策 | 重点内容 |
|---|---|---|---|
| 2018 年 | 吉林省人民政府 | 《吉林省技术转移体系建设方案》 | 树立正确的项目评审、人才评价、机构评估等科技评价导向 |
| 2018 年 | 吉林省人民政府 | 《吉林省人民政府关于优化科研管理提升科研绩效的实施意见》 | 完善鼓励法人担当负责的考核激励机制。以科研机构和学科评估为主导，统筹项目评审、人才评价与机构评估，确保形成协同效应，强化项目执行单位对科研任务和人才管理的责任感 |
| 2018 年 | 吉林省人民政府 | 《吉林省加快新型研发机构发展实施办法》 | 省科技管理部门依据既定规范制定标准和条件，授权第三方机构对新型研发机构进行绩效评估。第三方机构需根据实际情况，选择适宜的评估方法，确保评估结果公正、客观。评估结果将作为新型研发机构奖励和淘汰的重要参考 |
| 2020 年 | 吉林省科学技术厅 | 《吉林省科技厅落实在科技评价中破除"唯论文"不良导向的实施方案（试行）》 | 着力破除省科技发展计划项目、省级科技创新平台、科研机构评估等环节中过度看重论文数量、影响因子等不良倾向，科学制定评价原则与标准 |
| 2021 年 | 吉林省科学技术厅、吉林省财政厅 | 《吉林省科技创新平台管理办法（试行）》 | 五个类别平台在管理机构及职责、基本条件、平台增设、运行管理、支持措施等方面进行规范 |
| 2021 年 | 吉林省科学技术厅 | 《吉林省科技创新平台管理办法实施细则（试行）》 | 对增设动议、平台筹建、批准设立、年度报告、考核评估、重大事项调整备案和淘汰摘牌 7 个环节进行了详细的说明 |

资料来源：作者根据相关网站整理自制。

表 5　吉林省各类科研机构相关文件、考核评估重点等情况

| 管理组织 | 机构 | 相关文件 | 考核评估重点 | 评价方式 | 周期 |
|---|---|---|---|---|---|
| 吉林省科学技术厅 | 吉林省重点实验室（含吉林省实验室、吉林省野外观测研究站） | 《吉林省重点实验室管理办法》（吉科发基〔2019〕341 号） | 研究水平与贡献、队伍建设与人才培养、产学研结合、服务地方经济建设及资源共享 | 科技厅进行定期评估 | 建设周期 3 年；评估周期 5 年 |

续表

| 管理组织 | 机构 | 相关文件 | 考核评估重点 | 评价方式 | 周期 |
|---|---|---|---|---|---|
| 吉林省科学技术厅 | 吉林省创新发展战略研究中心 | 《吉林省科技创新平台管理办法（试行）》（吉科发国〔2021〕50号）；《吉林省科技创新平台管理办法实施细则（试行）》（吉科发国〔2022〕12号） | 研究成果被采纳或应用情况、社会效益、学术影响、团队建设、人才培养、可持续发展能力，以及依托单位对中心的支持情况 | 委托或联合第三方机构；采取绩效自评、专家评审和现场考察三种方式 | 3年 |
| | 吉林省科技创新中心 | | 基础条件、团队建设、研发实力、运行效率、影响与贡献、保障措施和发展潜力七个方面 | | |
| | 吉林省临床医学研究中心 | | 在临床医学领域平台投入设施设备、研发场地、单位对平台建设的支持情况，国际交流与合作、人才队伍建设，以及在本领域内对吉林省社会发展、科技进步中发挥的作用 | | |
| | 吉林省国际科技合作平台 | | 平台科技研发成果、人才队伍建设、国际科技交流与合作，以及取得的社会、经济效益等情况 | | |
| 吉林省委科技委员会、吉林省科学技术厅 | 吉林省实验室 | 《吉林省实验室管理办法（试行）》（吉政办发〔2024〕13号） | 实行"代表作"评价和"里程碑式"考核，采取同行评议，着重评价高端人才引育、标志性成果产出、科技成果转化、科技企业孵化和建设方案目标任务完成情况 | 省科技厅会同省财政厅委托第三方评估机构组织专家组 | 年度自评、建设期第三年底中期评估、5年期满验收 |

| 管理组织 | 机构 | 相关文件 | 考核评估重点 | 评价方式 | 周期 |
|---|---|---|---|---|---|
| 吉林省发展改革委 | 吉林省工程研究中心（工程实验室） | 《吉林省工程研究中心管理办法》（吉发改高技规〔2022〕397号） | 建设项目实施情况和工程中心运行情况；研发进展与成效、成果应用和带动产业发展情况、体制机制改革创新情况等 | 委托第三方机构或组织专家；形式审查和专家评审 | 2年 |

资料来源：作者根据相关网站整理自制。

从事不同类型科研活动的科研机构有着不同的创新规律和特点，开展分类评估既是相关政策文件的明确要求，也是科技界的共同呼声。建立科研机构分类评估体系可以避免评估简单化、一刀切等突出问题，更好发挥评估指挥棒、风向标的作用。

# 四　机构评估工作流程

一般来说，科研机构评估包括建设期立项评估、期满验收评估，运行期的状态评估、绩效评估等类型。在实际评估活动开展前，需要根据监督管理需求、被评对象所处发展阶段，选择合适的评估类型。

总结现有资料梳理机构评估工作流程，包括评估方案设计，评估专家组建，评估信息采集、处理、综合分析，评估报告交付和评估结果运用等环节，具体如图1所示。

## （一）评估方案设计

科研机构的上级管理部门作为评估活动的委托方，自行组织评估专家组或委托第三方专业评估机构开展评估工作。评估人员需要与委托者就评估目的和评估范围提前沟通协调并达成共识，签署委托合同或协议。双方需要明确评估边界及厘清各方责任主体，详细了解科研机构相关管理政

```
┌─────────────┐
│  评估方案设计  │
└─────────────┘          ┌──────────────────────────────────┐
       │                 │ 1. 确定评估目的和评估范围             │
       │                 │ 2. 明确评估边界及厘清各方责任主体      │
       ▼                 │ 3. 选择评估模式，绩效目标、标准、状态   │
┌─────────────┐          │ 4. 规范评估流程、关键节点、主要产出等   │
│  评估专家组建  │          └──────────────────────────────────┘
└─────────────┘
       │                 ┌──────────────────────────────────┐
       │                 │ 1. 组织专业对口、构成类别合理的专家组   │
       ▼                 │ 2. 领域技术/学科领域专家、管理专家、财   │
┌─────────────┐          │    务专家，产业/行业专家，市场/行业用户， │
│ 评估信息采集、  │          │    投融资、法律等领域专家              │
│ 处理、综合分析  │          └──────────────────────────────────┘
└─────────────┘
       │                 ┌──────────────────────────────────┐
       │                 │ 1. 公开信息源获得相关统计数据          │
       ▼                 │ 2. 通过自评估、调研、座谈、问卷调查等   │
┌─────────────┐          │    辅助调查手段获得数据              │
│  评估报告交付  │          │ 3. 梳理现有材料，并核查真实性、可靠性   │
└─────────────┘          │ 4. 综合分析材料                     │
       │                 │ 5. 基于循证意识形成初步评估意见        │
       │                 └──────────────────────────────────┘
       ▼
┌─────────────┐          ┌──────────────────────────────────┐
│  评估结果运用  │          │ 1. 会同核心专家与主管部门等利益相关方   │
└─────────────┘          │ 2. 报告结论有理有据，科学可信         │
                         └──────────────────────────────────┘
```

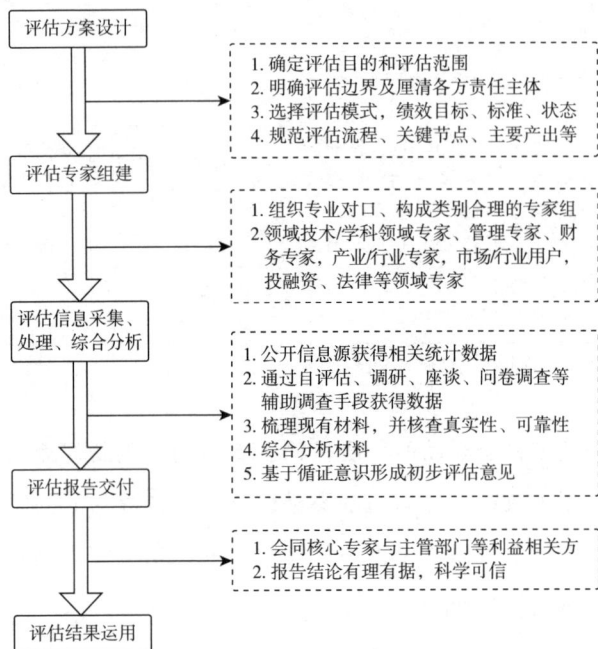

**图 1　机构评估工作流程**

资料来源：作者根据相关网站整理自制。

策、研究方向、职能定位、运行机制等评估背景。

评估人员依据评估需求，设计评估方案，作为开展评估活动过程控制及质量保障的重要依据。方案一般包括评估目的、内容、工作流程、关键节点、主要产出等，还有一些评估报告提纲、模板、客观数据表格等附件。将评估内容、流程、日期等环节进行细化与分工，有助于专家、主管部门、被评估机构明确各自的职责和任务，共同完成评估工作。

## （二）评估专家组建

根据科研机构功能定位、研发活动特点以及评估需求，组织专业对口，有针对性、构成类别合理的评估专家组，选择领域技术或学科领域专家、管理专家、财务专家，必要时引入产业/行业专家，市场/行业用户，投融资、法律等领域的专家。在开展评估活动前，需要与评估专家组共同明确重点考核内容、衡量标准等关键议题。

### （三）评估信息采集、处理、综合分析

通过公开信息源获得相关客观统计数据，采用自评估、调研、座谈、问卷调查等辅助调查手段获得客观数据。梳理现有材料，并核查内容的真实性、可靠性。对于无法辨别真伪的信息，与被评估对象无关的信息，不作为评估的证据支撑。必要时，需要开展补充调研，完善相关评估支撑材料。一般评估材料包括被评估机构整体情况、管理机制、研究方向等情况介绍，量化指标数据报表，包括科技投入经费、科技人员、承担项目情况、科研成果、交流合作、共享服务等内容。

综合分析被评估机构提交的评估材料与多渠道来源信息，基于循证意识形成初步评估意见，包括评估主要发现、评估结论、存在问题和建议等，还需要注重对代表性成果和典型研发活动案例的分析。

### （四）评估报告交付

按照评估方案相关要求撰写评估报告，一般包括评估的背景、目的、依据、内容、流程、方法，评估的局限性，综合分析结论，存在问题及建议等。在必要情况下，会同核心专家与主管部门等利益相关方，共同研讨确认初步结论，修正与实际情况差异较大的结论，使得最终的评估结论和相关建议得到更大范围的认同，做到有理有据，科学可信。评估人员根据委托合同或协议约定的程序和方式向委托人员交付评估报告。

### （五）评估结果运用

评估人员或委托人员可以根据委托合同或协议约定，决定评估结果在适当范围内公开发布，适宜面向社会公开的评估结果，可以向社会公开。

评估结果一方面可以支撑科研机构主管部门调整机构功能定位、动态进出机制、年度预算或负责人薪酬等，有助于优化资源配置；另一方面，可以促进科研机构调整发展战略、绩效目标、研发布局、运行管理机制等，在评估实践活动中逐步完善运营管理模式，找到更适合自身发展的方

向和策略。

另外，在实际的科研机构评估活动中，可以学习重庆市科技计划项目绩效评估工作方案，在现场考察评价过程中建立反馈机制。采用包括但不限于评价情况反馈表、满意度调查表、现场评价帮扶记录表等措施，将被评机构所遇到的评价过程相关问题、研发技术问题或行业共性问题记录在案，与储备相同领域知识且具备多年相同或相近领域研发经验的专家评价组直接面对面沟通交流。遵循"放管结合、以评促管、激励引导"原则，将服务理念深入监督评估管理过程，将机构评价作为科技监督管理工具，优化科研机构管理和资源配置，提高科研机构创新绩效和竞争力。

# 五　结语

本文梳理了国家层面以及吉林省层面出台的关于科研机构评估相关政策，整理典型案例中科院机构评估模式，总结科研机构评估工作流程，对比科研机构评估实践过程中重点评估内容，把握科研机构评估体系不同时期变化情况，对吉林省科研机构评估实践活动给出以下启示。

## （一）注重评估制度建设，保障科研机构功能定位不变

随着《科技评估工作规定（试行）》、《关于深化项目评审、人才评价、机构评估改革的意见》等政策、国家标准《科研机构评估指南》（GB/T 43803—2024）的相继出台，国内科技评估行业正逐步向规范化、标准化、专业化方向快速发展。吉林省在推行科研机构评估工作时，可以在科技监督管理部门直接设立综合评价小组，探索建立并完善符合科研特点和规律、机构功能定位的中长期绩效评价机制，重点关注功能定位、运营管理和创新效益等方面，将年度自评、中期评估和期满考核相结合的评价方式作为评估制度进行规范，全面负责机构评价工作的指导和督查。督促第三方专业评估机构按照评估制度开展科研机构绩效评价活动，保障科研机构功能定位不变。

## （二）评估方法多元化，探索建立适合吉林省的机构评估实践指南

我国将国家级科技创新基地平台分为科学与工程研究类、技术创新与成果转化类、基础支撑与条件保障类，不同类别机构的评估重点与评估方法不同，吉林省可逐步调整为靠近国家科技创新平台的分类方式，并且分类制定科学合理、评估考核内容各有侧重的机构评估评价标准。确立以质量和分类为基础的学术评价体系，重点评估代表性成果的研究水平、对岗位工作的贡献、解决技术瓶颈的能力，以及对科技进步的推动作用。同时，确保评价体系反映学科特性，实施分类评价，以提升评价的精准性和有效性。

鼓励有条件的高校、科研机构结合本领域科研工作特点和自身管理需要，积极开展机构评估活动，提出更适合突出功能定位的评价方法，多元化组合使用同行评议、定量测评、自评估、现场评估、第三方评估等方法，学习已有评估实践经验，探索建立适合吉林省的机构评估实践指南。

## （三）借鉴已有经验，引入各类第三方专业评估机构

在科技评估领域，国外已有做法是在政府公共投入的评估活动中引入包括大学、智库、研究所等各类第三方专业评估机构，形成了根据不同评估需求选择合理的专业化评估方法体系。建议支持多领域多类别评估机构的发展建设，培育更多专业化、特色化的科技评估机构，在今后各类科研机构评估活动中，根据不同评估需求，逐步引入具备相同领域评估实践经验的专业评估机构，提升科技评估质量。

## （四）建立有进有出的动态调整机制，强化评价结果运用

建立优胜劣汰、有序进出的动态调整机制，强化评价结果的运用。通过规章制度，细化科研机构评价结果运用场景，尝试扩大评价结果在创新政策制定、科技发展计划指南编制、人才推荐、科技项目评审等场景中的影响力。

对建设成效好的、评价结果优秀的机构，给予持续稳定的资金、政策倾斜或申报计划项目优先权等支持；对评价结果不达标的予以责令整改，整改完成后予以继续支持；对整改未完成的予以摘牌，形成有进有出的动态调整机制。加强科技创新平台的培育和指导，及时协调发展过程中遇到的困难和问题，以评促建，以评促管，真正发挥考核评估"指挥棒"作用，将评价结果作为下一阶段财政经费支持的重要依据。

充分把握科研机构职能定位，采用科学合理的分类评价方法，进一步加强吉林省各类科研机构的年度考核与动态管理，逐步强化淘汰与退出机制，持续发挥科研机构符合其自身功能定位的创新能力或工程化成果产业化扩散转移能力，助力区域经济高质量发展。

# Current Status and Insights of Evaluation Studies of Domestic Scientific Research Institutions

*Hu Lulu*

**Abstract**：This paper summarizes the development history of the assessment system of CAS and its assessment priorities by combing the relevant policies on scientific research institutions at the national level and the level of Jilin Province，and seeks to provide useful reference for the promotion of the assessment of scientific research institutions in Jilin Province. It is suggested that in the future，in promoting institutional assessment practice，it is necessary to focus on the construction of the assessment system to ensure that the functional positioning of scientific research institutions remains unchanged；to use a combination of peer review，quantitative assessment，self-assessment，on-site assessment，third-party assessment and other methods，to learn from the experience of the existing assessment practice，and to explore the establishment of a practical guide to institutional assessment that is suitable for Jilin Province；

to introduce various types of third-party professional assessment organizations, including universities, think tanks, research institutes and other third-party professional assessment organizations. We will introduce various third-party professional assessment organizations, including universities, think tanks and research institutes, to form a system of professional assessment methods that are reasonable according to the different assessment needs; establish a dynamic adjustment mechanism of entry and exit, strengthen the application of assessment results, and try to expand the influence of the assessment results in the scenarios of innovation policy formulation, compilation of guidelines for science and technology development plans, recommendation of talents, and assessment of science and technology projects.

**Keywords**: Institutional Evaluation; Scientific and Technological Evaluation; Categorized Evaluation

# 我国不同地域新型研发机构发展模式研究

陈　舒[*]

**摘　要：** 当前，我国经济发展已经由高速增长阶段转向高质量发展阶段，从量的扩张转向质的提升。我国新型研发机构尚处于幼稚期，大量新型研发机构的研发活动和研发能力需要不断积累和夯实，开展不拘泥于"定式"的研发活动也正是新型研发机构这一新生事物的生命力所在和在体制机制上的创新意义所在。本文通过调研走访、信息收集，对比深圳、佛山、江苏和浙江等先进地区的代表性新型研发机构，对其建设定位、科技成果转化体系、科技资金投入模式和科技人才队伍建设等方面进行详细对比，为不同地域新型研发机构高效建设与运行提供相关经验。

**关键词：** 新型研发机构；江苏省；浙江省；广东省

在科技竞争成为常态的今天，科技创新竞争已经从科技创新领域延伸到产业创新领域，甚至延伸到很多关键核心技术领域的基础研究。随着全球科技创新范式发生转变，科技攻关与成果转化联系越来越紧密，科学、技术之间严格的先后关系逐渐消失，新型研发机构作为科技创新和成果转化的重要主体，以产业需求为导向，既能支持科研院所产生突破性科学成果，还可以与企业对接，推动科技成果进入产业化的进程，这也是当前我

---

＊　陈舒，吉林省科技创新研究院战略情报部主任、助理研究员，主要研究方向为科技战略规划、新型研发机构。

国科技创新的重要方向，让科学知识与经营价值融为一体。本文旨在通过调研走访、信息收集，对比深圳、佛山、江苏和浙江等先进地区的代表性新型研发机构，对其建设定位、科技成果转化体系、科技资金投入模式和科技人才队伍建设等方面进行详细对比，为不同地域新型研发机构高质量发展提供相关经验。

# 一 我国新型研发机构发展概况

新型研发机构因其特殊的运营管理模式，能够快速适应产业的不同需求，能有效整合"政、产、学、研、用、金"等多种创新资源。新型研发机构是集投资主体多元化、管理体系现代化、运营机制市场化、用人机制灵活化于一体的研发机构，是促进科技成果加快转化的重要枢纽，可促进产业转型升级，是国家创新体系的重要组成部分①。

## （一）新型研发机构建设背景

我国新型研发机构建设最早可追溯到 1996 年组建的深圳清华大学研究院，经过近 30 年的不断发展，该研究院引领和带动了一批科研机构的创新发展。随着中国新型研发机构建设进入新阶段，为深入贯彻中共中央办公厅、国务院办公厅印发的《深化科技体制改革实施方案》和中共中央、国务院印发的《国家创新驱动发展战略纲要》相关政策，各级管理部门也高度关注新型研发机构建设②。《关于促进新型研发机构发展的指导意见》由科技部制定并于 2019 年发布，明确规定了机构建设的相关细则③，中央各部门陆续出台有关新型研发机构的指导政策达到 25 个，从顶层设计到地方

---

① 叶青青、张晓静：《新型研发机构在长三角地区跨区域创新的探索与实践——以浙江大学苏州工业技术研究院为例》，《安徽科技》2020 年第 3 期；李平、蔡跃洲：《新中国历次重大科技规划与国家创新体系构建——创新体系理论视角的演化分析》，《求是学刊》2014 年第 5 期。

② 刘晓鸣：《政策司法化研究—关于人民法院执行党的政策的法律政治学分析》，吉林大学博士学位论文，2020。

③ 马遥：《新型研发机构风险分析与防控研究》，《行政事业资产与财务》2020 年第 9 期。

先行先试，打破传统科研机构的局限，通过多元化的创新活动让技术要素进入企业、服务企业，有效促进科技成果高效转化。

## （二）我国经济及产业发展形势

在宏观经济方面，2023 年国家统计局公布的第三季度经济数据显示，中国经济企稳回升，相关指标正恢复改善，前三季度国内生产总值（GDP）同比增长 3.0%，增速比上半年加快 0.5 个百分点。国民经济顶住压力继续回升，经济在第三季度恢复较好，较第二季度有较大改善，总体运行在合理区间，其中工业增加值同比增长 4.6%，拉动经济增长 1.4 个百分点，汽车制造业产能利用率达到 75.7%，环比回升 6.6 个百分点，工业增加值增速回落较快。对工业经济拉动作用明显的是，增加值同比增速由第二季度回落 7.6% 转为大幅增长 25.4%，高技术制造业增加值同比增长 6.7%，高于全国规模以上工业、新能源和新材料产品增速 1.9 个百分点，增速继续保持高位。其中太阳能行业的新材料产品产量同比增长 83.2%，增幅较大，如超白玻璃、多晶硅等。国际环境方面，部分供求基本面偏紧甚至供不应求的品种或将迎来一波反弹行情，在当前复杂严峻的国际环境下，商品市场震荡调整、全球商品市场走势分化明显、供求关系明显缓和的商品品种价格回落趋势仍将持续。[①]

## （三）我国新型研发机构发展现状

科技部火炬高技术产业开发中心发布的《2022 年新型研发机构发展报告》显示，截至 2021 年底，我国各类新型研发机构共 2412 家，占研发机构总数的 60%，其中企业类型 1464 家，事业单位类型 472 家。若按照地域划分，江苏省、湖北省、山东省、广东省和重庆市的新型研发机构总数为 1446 家。2021 年，新型研发机构员工数量为 22.2 万人，研发人员数量为 14.3 万人。研发支出总规模高达 650 亿元，围绕创新链开展基础研究项目

---

① 《前三季度国民经济持续恢复向好 高质量发展稳步推进》，中国政府网，https://www.gov.cn/lianbo/bumen/202310/content_6909814.htm. 2023-10-18。

4022 个、应用研究项目 8210 个、产业技术开发项目 8419 个。国家新型研发机构营收累计达 1807.4 亿元，来自企业领域 1003.3 亿元，来自技术领域 501.3 亿元。[①]

## 二 我国不同地域新型研发机构发展模式研究

教育、科技、人才是基础和战略的支撑，是全面建设社会主义现代化国家的根本和战略。新型研发机构正是区别于传统研发机构，服务科技创新活动的全流程，通过汇聚多种创新要素，提供科研、孵化、投资等多样化服务，打造微型创新生态圈，破解创新链条上的梗阻，促进科技研发和产业经济的快速结合。通过调研走访、文献梳理，重点分析总结其可复制推广的相关经验，如对之江实验室、江苏省产业技术研究院、深圳清华大学研究院、季华实验室（广东省先进制造科学与技术实验室）、中国科学院深圳先进技术研究院、深圳市工程生物产业创新中心等具有代表性的新型研发机构进行了研究访问和文献梳理。推动区域内高质量发展新型研发机构。

### （一） 新型研发机构建设定位

在调研的新型研发机构中，最早成立的深圳清华大学研究院打破了传统科研机构的限制，开启了科技创新体制机制改革的探索与创新，调研的机构全部由政府引导或直接参与（见表1）。早期（2006 年前）的机构都是以政府为主导，联合知名高校院所建立的新型研发机构，而之后的新型研发机构往往具有特定的研发和服务功能。江苏省产业技术研究院秉持"为江苏工业发展持续提供技术"的建院初心，在深化改革中大胆探索，初步构建了集创新资源、产业需求、研发载体于一体的产业技术创新体系和成果转化模式。之江实验室则是由具有独立法人资格的浙江省人民政

---

① 科学技术部火炬高技术产业开发中心：《新型研发机构发展报告 2022》，科学技术文献出版社，2024。

府、浙江大学、阿里巴巴集团联合举办，以创建国家实验室为发展目标，以浙江大学、阿里巴巴集团为主要研究力量，充分发挥各方优势，通过政府主导、机构支持、企业参与的模式①，达到"1+1+13"效果的混合所有制事业单位。通过统计分析，可以看出专业化、特色化新型研发机构的建立，都基于地区产业发展的需求、科学的顶层设计以及相关新型研究机构的建设。

表1　新型研发机构建设定位

| 序号 | 新型研发机构名称 | 建设时间 | 组建模式 | 建设定位 |
|---|---|---|---|---|
| 1 | 深圳清华大学研究院 | 1996年 | 深圳市人民政府和清华大学共建的以企业化方式运作的事业单位 | 服务于清华大学的科技成果转化、服务于深圳的社会经济发展，开启中国新型科研机构建设的崭新探索，努力把科技经济"两张皮"贴在创新创业企业的载体上 |
| 2 | 中国科学院深圳先进技术研究院 | 2006年 | 由中国科学院、深圳市人民政府及香港中文大学在深圳市共同建立 | 提升粤港地区及我国先进制造业和现代服务业的自主创新能力，推动我国自主知识产权新工业的建立，成为国际一流的工业研究院 |
| 3 | 江苏省产业技术研究院 | 2013年 | 经江苏省人民政府批准成立的新型科研组织 | 以集聚创新资源、培育发展新兴产业、支撑传统产业转型升级为宗旨，以产业应用技术研究开发为重点，以引领产业发展和服务企业创新为根本，成为江苏省产业技术研发转化的先导中心、人才培育的重要基地 |
| 4 | 之江实验室 | 2017年 | 由浙江省人民政府主导、浙江大学等院校支撑、阿里巴巴等企业参与的事业单位 | 以"打造国家战略科技力量"为使命，致力于建设国际一流的智能感知研究与实验中心、国际一流的人工智能创新中心、国际一流的智能科学与技术研究中心和全球领先的智能计算基础研究与创新高地 |

① 金科：《浙江全力打造人工智能产业发展高地》，《今日科技》2019年第9期。

续表

| 序号 | 新型研发机构名称 | 建设时间 | 组建模式 | 建设定位 |
|---|---|---|---|---|
| 5 | 季华实验室 | 2018 年 | 广东省委、省政府启动的首批 4 家广东省实验室之一 | 面向世界科技前沿、面向国民经济主战场，围绕国家和广东省重大需求，集聚、整合国内外优势创新资源，打造先进制造科学与技术领域国内一流、国际高端的战略科技创新平台 |
| 6 | 深圳市工程生物产业创新中心 | 2020 年 | 由光明区政府和中科院深圳先进技术研究院合作，深圳先进技术研究院合成生物学研究所具体牵头建设的创新创业平台 | 瞄准国家重大战略需求和国民经济主战场，紧扣光明科学城"前瞻布局重大创新平台和创新孵化器"这一思路，助推光明科学城建成全国合成生物学产业高地，助力深圳综合性国家科学中心建设 |

资料来源：作者根据相关网站整理自制。

## （二）科技成果转化体系

从区域特色出发，各新型研发机构围绕科技成果全链条转化的短板环节，以促进区域特色产业优质发展为目标，以破除制约科技创新的思想观念和体制机制障碍为重点，探索各区域先行先试的体制机制、科技创新管理模式和成果转移方式，加快推进科技成果就地转移，为向现实生产力转化打开通道，一批典型经验和有效措施在关键区域加快集聚和流动。江苏省产业技术研究院作为江苏省科技体制改革的"试验田"，坚持市场导向、开放导向和激励导向，参照市场化模式，围绕成果转化模式、财政投入、激励方式等，陆续开展了合同科研、项目经理、股权激励、团队控股等多项改革举措。通过赋予专业研究所科技成果的所有权和处置权，通过"团队控股"的方式，避免了项目初期团队巨额资金投入的压力，同时促使研发人员的个人利益与团队利益绑定，实现收益分配与个人贡献相匹配，真正激发团队成员干事创业的积极性。深圳市工程生物产业创新中心采用国内首创的"楼上楼下创新创业综合体"模式，以楼上产业应用研究和楼下企业孵化管理为建设核心，应用研究依托大设施和合成院输出科研成果，开展技术合作，从地域上打破产业孵化时间壁垒，建立"科研—转化—产业"的全链条企业培育模式。

表2 新型研发机构成果转化模式

| 序号 | 新型研发机构名称 | 转化形式 | 特色做法 |
|---|---|---|---|
| 1 | 深圳清华大学研究院 | 采用"研发中心+产业化公司"模式和一个团队两个平台的"1+1"模式 | 打通从科技成果到科技产品的直通路径；研究院与央企等建立联合研究机构显著推动传统产业技术升级和创新迭代 |
| 2 | 中国科学院深圳先进技术研究院 | 以科研为主的集科研、教育、产业、资本于一体的"微创新体系" | 由八个研究平台、中国科学院深圳先进技术学院、多个特色产业育成基地、多支产业发展基金、多个公司性质运转的新型专业科研机构等组成的多资源成果转化生态系统 |
| 3 | 江苏省产业技术研究院 | "合同科研"和"拨投结合" | 江苏省产业技术研究院秉持以企业愿意出资作为判断"真需求"的"金标准"，在全国首次提出了"团队控股、轻资产运行"的专业研究所建设运营模式，破除高校、科研院所职务科技成果转化难点，促使研发人员个人利益同团队利益绑定，让人才团队由拥有"成果转化收益权"增加到"成果所有权、处置权和转化收益权" |
| 4 | 之江实验室 | 之江实验室科技控股有限公司 | 之科控股是实验室科技成果转化的持股和管理平台以及未来"之江系"科技产业发展平台，先后通过全资、控股、参股等方式共成立八家公司，为"之江系"的各类创新项目提供从前期需求到成果培育、商业运作全过程全产业链的增值服务与支持 |
| 5 | 季华实验室 | 以制造业孵化带动科技成果转化 | 全力攻坚制造业关键技术，把孵化企业作为关键目标，已经孵化科技型企业19家，成果转化合同额突破亿元，"季华系"雏形初现 |
| 6 | 深圳市工程生物产业创新中心 | "楼上楼下创新创业综合体"模式 | 采用国内首创"楼上楼下创新创业综合体"模式，楼上产业应用研究和楼下企业孵化管理紧密结合，有效打破"从0到1再到10"的产业孵化周期壁垒，建立了"科研—转化—产业"的全链条企业培育模式 |

资料来源：作者根据相关网站整理自制。

## （三）科技资金投入模式

新型科技形势下，金融与科技的结合度日益增强，由于各新型研发机构一方面要深化应用基础研究，另一方面肩负着区域科技成果的就地转化、概念验证、中试基地等服务，需要大量资金投入。故很多新型研发机构致力于解决金融体制改革、加大多元化科技投入、缓解资金流动性难、分散风险等问题，健全科技创新保障措施、着力破除创新过程资金障碍、引导更多资金流入科创领域，进而提升区域创新体系整体效能。江苏省产业技术研究院，在项目进行市场化股权融资时，运用"拨投结合"机制，将其转化为相应的股权投资，从而获得收益，成立了带动各类资金18.19亿元的早期创投基金，总规模达到21.24亿元。无论是之江实验室还是中国科学院深圳先进技术研究院，都采用组建相关科技财务公司的方式，直接将自己在科研单位产生的科技成果就地转化，使科技成果转化效率大大提高。

表3　新型研发机构资金投入模式

| 序号 | 新型研发机构名称 | 投入模式 | 特色做法 |
|---|---|---|---|
| 1 | 深圳清华大学研究院 | 专业的投融资团队和金融综合服务平台 | 为处于不同生命周期、不同规模、不同行业的企业提供多层次、多元化、全方位的金融服务，其中涵盖融资、担保、小额贷款、融资租赁、天使投资、创业投资、基金管理、咨询服务等，用资本促进科技创新，实现科技与金融的比翼双飞 |
| 2 | 中国科学院深圳先进技术研究院 | 科技金融公司 | 由中国科学院深圳先进技术研究院与中国科学院信息工程研究所共同成立的中科金财科技金融公司，致力于将金融科技与实体经济深度融合，探索普惠金融的新模式 |
| 3 | 江苏省产业技术研究院 | 江苏省产业技术研究院有限公司与专业研究所 | 江苏省产业技术研究院打造技术创新载体专业研究所，并设立全资子公司江苏省产业技术研究院有限公司，鼓励旗下研究所在适当时机可引入外部专业投资团队，形成"研发、孵化、基金"三位一体的生态闭环 |

续表

| 序号 | 新型研发机构名称 | 投入模式 | 特色做法 |
|---|---|---|---|
| 4 | 之江实验室 | 之江实验室科技控股有限公司 | 之江实验室的创新生态路径被总结为多元化的投入机制、对外合作机制、拨投联动机制、全员共享机制以及收益分配机制，成立之江实验室科技控股有限公司，实现前沿基础研究的多元化投入，已吸引社会资本9.6亿元 |
| 5 | 季华实验室 | 政府+市场 | 季华实验室牵头实施广东省"璀璨行动"，打造"实验室经济"新赛道的相关情况。五年来，佛山市、南海区两级财政每年共投入不少于10亿元用于实验室建设发展，总建筑面积约30万平方米 |
| 6 | 深圳市工程生物产业创新中心 | 政府+市场 | 光明区在推出全国首个合成生物专项扶持政策和激励措施下，累计科研项目2000余项，创新载体16个、专业实验室30余个、总合同经费达到26.5亿元 |

资料来源：作者根据相关网站整理自制。

## （四）科技人才队伍建设

新型研发机构因其组建形式的灵活性，不断改革探索协同创新人才培养，摆脱物理空间隔阂、传统学科体制路径依赖、更好地创造多学科资源汇聚体制环境、形成面向产业的一流科研模式，打造集聚人才、汇聚青年科研人才、战略科学家和国际顶尖人才的高能级平台，协同推进高校和企业创新人才培养质量跨越式发展，实现创新人才培养体制机制创新。之江实验室引育并举打造智能科技人才高地，通过聚焦顶尖人才引进、组织全球人才引进网络、完善人才分类培育体系、系统优化人才工作体系、建立之江书院开展实战化人才培养、不断完善人才发展培育体系等举措，着力打造引智人才高地，通过建立智慧型人才培养体系，完善人才分类。中国科学院深圳先进技术研究院则依托其科技优势，推动深圳市政府与中科院共建"深圳理工大学"，发挥学科交叉特色，率先建成国家创新人才高地，构建集科研、教育、产业、资本于一体的以科研为主的微协同创新生态系统①。

表 4  新型研发机构科技人才队伍建设

| 序号 | 新型研发机构名称 | 建设模式 | 特色做法 |
|---|---|---|---|
| 1 | 深圳清华大学研究院 | 深圳市力合教育有限公司（深圳清华大学研究院培训中心） | 力合教育秉承清华大学的教学理念，采用国际一流的课程体系，基于"根植南粤，放眼全球"的定位，致力于培养具有国际化视野的高素质商业领袖。为学员提供技术研发、成果转化、企业孵化、资金支持等配套服务，力合教育自成立至今已成功培养优秀企业家及企业高管 40000 余人 |
| 2 | 中国科学院深圳先进技术研究院 | 地院联合建立大学 | 依托其科技优势，推动深圳市政府与中科院联合建设"深圳理工大学"，发挥学科交叉特色，率先建成国家创新人才高地，构建了以科研为主的集科研、教育、产业、资本于一体的微型协同创新生态系统 |
| 3 | 江苏省产业技术研究院 | 一所两制 | 该院研究所同时拥有两类人员，一类是在高校院所运行机制下开展创新研究的人员，另一类是独立法人实体下聘用的专职从事二次开发和技术转移的研究人员，在研究所还可以获得与贡献相匹配的收入 |
| 4 | 之江实验室 | 引育并举打造智能科技人才高地 | 之江实验室集聚了一支 3700 人的人才团队，全职人员 2400 多人，其中院士 20 人，PI（实验室负责人）240 人，高层次人才 820 人，中青年骨干 1400 人。人才发展和培育体系不断完善，打造之江书院开展实战育才，累计培训 4000 余名人才，累计进站博士后 270 余名；与浙江大学联合培育博士生 104 名，与国科大杭州高等研究院联合招收研究生 130 人 |

① 唐昕：《高新区产城融合研究—以佛山高新区核心园（狮山）为例》，华南理工大学硕士学位论文，2020。

续表

| 序号 | 新型研发机构名称 | 建设模式 | 特色做法 |
|---|---|---|---|
| 5 | 季华实验室 | 科技资源+灵活机制 | 季华实验室将形成顶尖人才、领军人才和核心人才为主导的强大科研队伍，对科技成果完成人及转化工作中做出重要贡献的人员，科技成果落地佛山后奖励收益的 90%，落地广东省内其他区域奖励 70%，落地广东省外及国外奖励 50% |
| 6 | 深圳市工程生物产业创新中心 | "楼上楼下创新创业综合体"模式 | 周边科研机构及平台林立，站在园区 4 栋顶楼环视，光明生命科学园、中山大学深圳校区、深圳理工大学（筹）等高校院所，光明区累计引进院士 11 人；引进、培养高层次人才达 1735 人，较 2020 年增长近 5 倍；科研院所人才达 5200 人，较 2020 年增长近 3 倍 |

资料来源：作者根据相关网站整理自制。

# 三　思考与建议

当今全球科技革命发展的主要特征是从"科学"到"技术"转化，基本要求是重大基础研究成果产业化[①]。我国已全面进入高质量发展新阶段，高质量发展有两大核心任务，一是完善科技创新体系，二是建设现代产业体系。科技创新体系和产业发展体系实际上是"一体两面"，但仍然存在"两张皮"的问题，随着长三角都市圈和粤港澳大湾区的先后建立，我国新型研发机构的建立也进入蓬勃发展时期，作为深化科技体制改革的先锋，新型研发机构已成为促进两大体系"融通融合"的重要工具，在产业转型升级、新兴产业发展、未来产业培育上起着积极的促进作用，形成有利于产出创新成果、有利于创新成果产业化的经验做法。但是，从整体发展效能看，很多欠发达地区新型研发机构的建设还存在很多困境，仍需进一步完善。

---

① 覃志威：《习近平关于科技创新的重要论述研究》，武汉大学硕士学位论文，2019。

一是进一步完善新型研发机构的顶层设计。各地区政府应以更灵活开放的思路引导新型研发机构建设，但部分欠发达地区在新型研发机构建设方面还处于摸索阶段，一些先进省份的经验没有办法完全照搬，要充分发挥区域特色，明确新型研发机构在整个科技创新和成果转化生态体系中的定位，指导其将"研发创新与成果转化"作为核心功能①，从更高的层面做好新型研发机构建设和发展的顶层设计和整体布局，突出特色和差异化发展的思路，形成一批具有区域示范效应的大型骨干新型研发机构。

二是加强科技创新成果转化整体部署。科技成果转化是一项复杂而庞大的工程，随着市场经济的不断深化发展，技术交易越来越活跃，所涉及的科技资源也越来越多。如何根据科技成果转化的全部流程，提供全链条服务，是每个新型研发机构都急于破解的难题。通过平台、人才、孵化和金融等全方位的投入，加快建设科技成果转化中试熟化服务平台，提高科技成果转化各主体对中试环节的重视度，打造"科研—中试—生产"无缝衔接链条，探索科技经纪人制度，强化要素保障，加快推动关键核心技术攻关及科技成果就地转化，形成从中试到工艺包再到项目 EPC 盈利模式，拓展技术贸易投资，助力新兴产业发展。

三是创新研发机构经费使用新模式。由于很多新型研发机构的定位在于促进区域科技成果就地转化，无论是机构的运营，还是科技成果转化，都需要大量资金的支持。各新型研发机构也根据自身发展，以科技财政资金引导、投资机构"股权投资"跟进、银行机构"信贷投放"、保险机构承保补偿等方式，从财政支持模式、基金融资模式等方面创新财政资金使用模式，不断完善多元化投入机制，引导设立科技金融区域联盟，发挥金融子系统交叉协同作用，增强基金的自我造血能力，吸引更多社会金融资源精准服务科技创新。

四是健全科技人才培养新型研发机构模式。新型研发机构要通过全职聘用、双聘双挂、合作研究等多种形式，充分发挥市场机制在人才流动配置中的决定性作用，通过汇聚全球顶尖人才、科技领军人才和青年人才，

① 杨艳娟：《加快新型研发机构建设的浙江思路和对策研究》，《经济师》2020 年第 11 期。

建立创新能力和绩效相结合的收益分配机制①，积极打造高水平的基础研究人才队伍。同时，新型研发机构还肩负着培养专业科技成果转化专业人才的重任，将高校院所技术转移中心、技术转移服务机构、骨干科技企业、科技成果转移转化示范基地等机构中的技术经纪人汇聚起来。培养能够集科技信息交流、科技考察、文献信息检索、技术咨询、技术孵化、科技成果评估、科技成果推广于一体的专业技术经纪人，多措并举培养一批高素质复合型人才，并将其有效配置到科技成果转化和产业化的各个关键环节，努力提高机构引才育才的能力，更好地为机构、为社会服务。促进区域创新效能提升。

## 四 结语

新型研发机构以其独特的运行管理模式，发挥着管理制度现代化、运行机制市场化、用人机制灵活化、投资主体多元化的优势，始终聚焦从关键技术攻关到成果转化的各关键环节，着力破除制约科技创新的思想障碍和制度藩篱，打通科技成果向现实生产力转化的通道。本文旨在对比分析有代表性的新型研发机构的工作经验，集聚全国优势科技创新资源，努力打造科技创新重要极点，努力推动新型研发机构成为我国高质量发展重要引擎。

# Research on the Development Model of New R&D Institutions in Different Regions of China

*Chen Shu*

**Abstract**：At present, China's economic development has shifted from a

---

① 《中共浙江省委于建设高素质强大人才队伍 打造高水平创新型省份的决定》（节选）《杭州科技》2020 年第 5 期。

stage of rapid growth to a stage of high-quality development, and from quantitative expansion to qualitative improvement. China's new R&D institutions are still in their infancy, and a large number of new R&D institutions' "R&D activities" and R&D capabilities need to be continuously accumulated and consolidated. Through research and information collection, the author compares the representative new R&D institutions in advanced provinces and cities such as Shenzhen, Foshan, Jiangsu and Zhejiang, and makes a detailed comparison on their construction positioning, scientific and technological achievement transformation system, scientific and technological capital investment mode and scientific and technological talent team construction, so as to provide relevant experience for the efficient construction and operation of new R&D institutions in different regions.

**Keywords**: New R&D Institutions; Jiangsu Province; Zhejiang Province; Guangdong Province

# 科技信息服务平台在科技创新发展中的重要作用探析

姜　浩　张　鑫　胡月鹏　范鑫华*

**摘　要：**习近平总书记2023年9月在黑龙江考察时强调，积极培育战略性新兴产业、未来产业，加快形成新质生产力，增强发展新动能。当前，全国上下都在围绕新质生产力开展学习、思考和实践。科技创新能够催生新产业、新模式、新动能，是发展新质生产力的核心要素。科技创新是推动产业发展的重要引擎和关键增长极，以人工智能为代表的新一轮科技革命和产业变革正在孕育兴起，在庞大且冗杂的数据信息中如何对产业领域前沿信息及行业动态及时把握就显得尤为重要。一个时代化、专业化、智能化的科技信息服务平台应满足使用者在科学研究与技术发展方面的战略跟踪与战略发展文献与信息收集的需求，它为加快建设科技强国、实现高水平科技自立自强，使原创性、颠覆性科技创新成果竞相涌现，培育发展新动能提供基础性支撑。因此，科技信息服务平台在科技创新中的作用探析研究不仅能够让科技信息更好地服务于科技创新，也能把科技创新发展中遇到的问题通过科技信息服务平台转化为数字资源，更好地服务于科技创新。

---

* 姜浩，辽源市科学技术信息研究中心，专业技术十一级研究实习员，主要研究方向为自然科学研究；张鑫，辽源市科学技术信息研究中心，专业技术十一级研究实习员，主要研究方向为自然科学研究；胡月鹏，辽源市科学技术信息研究中心，专业技术十二级研究实习员，主要研究方向为科技信息统计与分析；通讯作者：范鑫华，辽源市科学技术信息研究中心，专业技术十一级研究实习员，主要研究方向为自然科学研究。

**关键词**：科技信息服务平台；科技创新；数字资源；新质生产力

科技创新是发展新质生产力的核心要素。科技信息服务平台通过整合各种文字、图像或数值形式的信息资源，为科研事业提供了强大的文献检索与资源共享服务，在科技创新发展过程中，助力科研人员节省查找科技资料的时间和精力，提高科研人员在技术研究领域的效率和质量。

科技信息服务平台的数据库通常包含对大量数据的分析和统计功能，可以为科技工作者在重大战略决策、体制机制改革、创新体系建设、统筹协调战略科技力量等方面提供帮助。通过提供客观、准确、全面的底层逻辑基础，该平台可完善科技创新体系、配置科技创新资源，为优化科技创新生态环境源源不断地注入新动能、塑造新优势、开辟新赛道。

# 一 科技信息服务平台在科技创新中发挥显著作用

## （一）提供科研条件和战略资源

科技信息服务平台能够为科研人员提供丰富的文献资源，在对课题设计、方法选择、处理及分析数据得出结论等方面提供成熟且丰富的参考，是科研人员不可或缺的科研资源。吉林省科技信息服务平台在检索一栏设有党政决策支撑平台、党建期刊等板块，能够为政府机构职能部门在党的理论学习、地方政策法规制定中提供科学依据并发挥积极作用，不仅给科研人员提供先进资源的利用方式，还可以为用户提供所需的信息资源，科研人员获取有价值的信息资源，有助于推动我国科技的进步与发展①。不同地区的工作者又可以结合自身实际编写案例分析，供有相似情况的地区参考借鉴。对于企业来说，掌握最新的科技信息，可以及时调整生产工艺路线、产品营销策略，提升产品技术，促使企业以科技创新为引擎，以传

---

① 潘家新、宾驰、陈怡玲、卢琳玲：《科技文献平台二级服务站绩效考核现状与对策——以广西科技文献信息共享与服务平台为例》，《图书馆界》2018年第2期。

统产业转型升级为抓手，以培育新兴产业为支撑，强化企业科技创新主体地位，通过高校科研资源与企业技术难题的精准对接加快形成科技成果和战略资源从"书架"到"货架"的加速发展，加快形成新质生产力。

## （二）平衡区域发展不协调

由于地理位置和资源分布的不均，不同地区的科技创新资源结构存在差异，科技信息服务平台可以通过开展多媒体信息资源服务，拓宽信息服务范围，建设具有特色的资源数据库，通过合作共享数字信息资源等方式提升区域间的科技均衡发展和科技资源配置效率。政府可通过科技信息服务平台研究制定促进未来产业创新发展实施方案、培育发展未来产业行动计划等政策，强化规划设计，优化产业布局，调研论证新装备、新能源、新材料的生产经营情况，使企业加快技术改造和技术创新。科技信息服务平台是实现区域协同创新的关键保障，平台板块对于产业进行了领域细分，如为新一代信息技术、新能源、新材料、先进制造、生物技术等战略性新兴产业提供最新的科研成果及学术观点，能够最大限度提升区域科技创新能力和水平。

## （三）加强创新人才队伍建设

人才是实现科技创新高质量发展的第一动力，人才应用当代科技，推动生产形态向信息化、数智化转变，人才拥有较高的科技文化素质和智能水平，具备以信息技术为主体的多维知识结构，能熟练掌握各种新质生产工具，因此，加速构建科技创新体系，加强科技创新人才队伍建设是实现中国式现代化、中华民族伟大复兴宏伟目标的关键保障。科技信息服务平台为科研人才提供了学习和成长的环境，人才通过阅读科研文献收集科研课题信息，掌握研究领域前沿动态，动态调整科研思路，更新知识结构，培养创新能力。传统生产力向新质生产力转换需要高素质职业技能人才作为支撑。平台拥有丰富的教学研讨与职业技能资源，能够根据培育发展新质生产力的现实需要，持续满足职业技能人才的文献需求，使其互动交流、增长才干、锻炼本领。此外，平台人才队伍稀缺，平台对建立良好的人才流动机制、建立科学的考评机制、激励科技创新管理人才队伍建设发挥重要作用。

### （四） 选准科技创新切入点

当前国内外形势复杂，我国坚持把创新作为引领发展的第一动力，深入实施创新驱动发展战略，加快建设科技强国，科技创新能力和水平不断提升①。吉林省科技信息服务平台将国家科技图书文献中心长春服务站、中国知网、万方数据等常用数据库纳入平台服务范围内，有效解决了一种数据库无法满足用户多样化使用需求的问题。

### （五） 智能化城市建设重要抓手

现代化进程催生了各类科技要素高度聚集的城市，人们的生活变得日益科技化、智能化、便捷化，城市居民对于教育、医疗、卫生、工商以及其他社会、行政服务的需要快速增长，加速推进智能化城市建设，与传统城市相比，智能化城市需做好应急预案、精准管控、快速反应，有效处置各类事态，确保城市安全有序运行。鉴于此，充分利用以文献资源、战略规划、前沿技术、科技服务等为基础的科技信息服务平台，建设智能化城市，更好地满足城市的公共服务需要，及时调整城市运行部署，优化城市数字底座，统筹规划协调，重点解决好"城市大脑"中"数据集中"与"业务分散"的矛盾，综合运用科技信息服务平台，掌握智能化城市建设的前沿技术信息和案例，各地区结合实际，因地制宜构建智能化城市建设体系，在满足城市居民日益增多的生活需求的同时，使城市空间、资源最大限度地发挥作用。

### （六） 营造科学文化普及良好氛围

科学文化是民族的血脉和灵魂，是人民的精神家园，是国家发展的重要支撑。普及科学文化是社会主义物质文明和精神文明建设的重要内容，

---

① 朱承亮：《新时代我国科技创新发展的伟大成就与展望》，《科技智囊》2023 年第 7 期。

通过全面普及科学知识，全面提高人民素质①。科技信息服务平台在科学文化普及中发挥桥梁纽带作用，比如科技资源短缺的城市可以通过科技信息服务平台查阅关于生产、生活、康养、教育、医疗等领域的专业知识，为科普传媒、科普网站、电视科普栏目、科普印刷品制作等科普宣传工作提供资源。科技信息服务平台能够让大众掌握其关注和感兴趣的行业领域的前沿动态，科普宣传教育工作者可通过平台了解并聘请学界、业界知名的专家和社会知名人士参与科普讲学和培训活动，营造崇尚科学的氛围，弘扬科学精神，提升大众科学文化素质。

## 二　科技信息服务平台在科技创新发展中存在的问题

### （一）作用不明显

科技信息服务平台虽能够提供全面完备的科研资源，但针对性作用发挥不明显，对本土特色优势产业动态化检测不明显。对产业转型升级发展中存在的具体问题帮助作用不显著。

### （二）目标不清晰

平台的一些功能和服务范围界定不够明确，现有的公共科技资源共享平台宣传力度不够，公众认知度较低，导致其无法有效地服务于特定的用户群体或满足特定需求，使得平台的一些功能未能完全开发利用，影响了其服务效果和扩展能力。应当明确科技信息服务平台的功能定位，确保其服务目标和范围清晰具体。

### （三）竞争力不足

国内的科技信息服务平台在国际科研资源共享方面表现不足，国际用

---

① 李淑红、魏以朝、孙文英、史玉梅：《科学文化普及与大众素质研究》，《创新科技》2015年第 11 期。

户对国内科技信息服务平台的知晓率及使用率较低，应当加大宣传推广力度，加强国际合作与交流。提升地区科技信息服务平台的国际竞争力和应对全球挑战的能力，发展具有引领性和战略意义的科技资源共享平台，加大科技信息服务平台在国内外的使用推广，提升公共服务平台的影响力和覆盖面。

## （四）内容同质化

科技信息服务平台的资源内容和服务高度同质化。未能引进先进技术手段对本地区的特色优势产业进行量化。科研信息资源同质化严重，缺乏原创性、新颖性板块，差异化竞争优势不明显。应当鼓励差异化竞争和创新服务的开发，减少资源内容的同质化和重复建设，定期征集用户使用的反馈并通过先进的信息技术提升用户体验和满意度并完善平台。

## 三　结语

科技创新推动产业创新。科技成果转化为现实生产力，实现建成科技强国目标离不开科技工作者的埋头苦干。科技信息服务平台在科技强国建设与发展中，将发挥不可替代的关键作用，在深化科技管理体制改革、统筹各类创新平台建设、加强创新资源统筹和力量组织方面具有重大作用。

# Analysis on the Important Role of Science and Technology Information Service Platform in Science and Technology Innovation and Development

*Jiang Hao    Zhang Xin    Hu Yuepeng    Fan Xinhua*

**Abstract**：President Xi Jinping in September 2023, during an inspection in Heilongjiang, it was emphasized that there should be active cultivation of strategic emerging industries and future industries to accelerate the formation of new quality productivity and enhance new drivers of development. At present, China is engaged in learning, thinking and practice around the new quality of productivity. Technological innovation is an important engine and key growth pole for industrial development. The new round of scientific and technological revolution and industrial transformation represented by artificial intelligence is brewing, and it is particularly important to timely grasp the frontier information and industry dynamics in the vast and complex data information. A professional and intelligent science and technology information service platform should meet the users' needs for strategic tracking and strategic development of literature and information in scientific research and technological development. It is a fundamental support to accelerate the construction of a science and technology powerhouse, achieve high-level self-reliance and self-strength in science and technology, and make original and disruptive innovative achievements emerge in a flourishing manner, and provide a basis for cultivating and developing new driving forces. Therefore, the exploration of the role of science and technology information service platform in scientific and technological innovation not only enables science and technology information to better serve scientific and technological innovation, but also converts the problems encountered in scientific and technological innovation development into digital resources through science and technology document information services to better serve scientific and technological innovation.

**Keywords**: Science and Technology Document Information Service Platform; Scientific and Technological Innovation; Digital Resource; New Quality Productivity

# 关于促进新质生产力发展的调查研究

## ——以延边州科学技术信息研究所服务创新发展为例

王　琦　金哲权　徐少华*

**摘　要：**当前，世界正经历百年未有之大变局，科技和产业变革加速演进，科技创新正成为高质量发展、培育新质生产力的关键因素。本文以延边州科学技术信息研究所服务创新发展为切入点，系统总结延边州"十四五"以来科技创新促进新质生产力发展的基本情况、剖析存在的主要问题、提出对策建议，为延边州加快培育和发展新质生产力提供参考。

**关键词：**延边州；服务创新发展；新质生产力

党的十八大以来，以习近平同志为核心的党中央高度重视科技创新工作，把创新作为引领发展的第一动力，摆在国家现代化建设全局的核心位置，党的二十大将科技、教育、人才作为专章阐述，进一步凸显科技自立自强战略作用。面对新形势、新挑战、新要求，延边州科学技术信息研究所始终坚持"科技创新、信息先行、服务到位"的宗旨，履行"耳目""尖兵""助手"的使命，围绕信息与科技、服务与创新两大关联要素，强化科技信息、服务与科技创新的深度融合，为培育新质生产力提供有力支撑。

---

\* 王琦，延边州科学技术信息研究所副所长、助理研究员，主要研究方向为科技信息研究与咨询；金哲权，延边州科学技术信息研究所副研究员，主要研究方向为科技信息研究与咨询；徐少华，延边州科学技术信息研究所副研究员，主要研究方向为科技信息研究与咨询。

# 一　基本情况

"十四五"以来，延边州科学技术信息研究所（以下简称"研究所"）深入实施创新驱动发展战略，强化科技信息和服务，坚持科技创新推动产业创新，积极培育"十大产业集群"，为发展新质生产力提供新动能。

## （一）服务创新发展环境不断优化

研究所服务延边州科技领导小组办公室在创新政策制定、体制机制改革、科技创新工作等方面发挥牵头抓总、统筹协调的作用，积极落实吉林省科技厅区域创新能力提升"赛马"机制，深度参与制定《延边州科学技术发展"十四五"规划》《延边州加快推进医药健康产业高质量发展的实施方案（2024—2026年）》等政策措施，逐步形成科技创新与产业、经济、环境等协同发展新格局，营造了更加宽松的创新环境，参与举办科技活动周、科技创新政策宣讲、科普微视频拍摄、科技安全知识普及等活动，全社会创新氛围日益浓厚。

## （二）服务医药健康产业不断发展

研究所紧紧聚焦医药健康等"十大产业集群"，重点围绕全州89家医药健康企业创新发展需求、科技成果转化困难等情况，积极开展摸底调研、数据统计、平台建设等方面常态化、系统性工作。重点围绕中药（朝药）、化学药、生物药等关键优势领域新质生产力发展需求，在信息研究等方面靠前部署，及时分析全州医药健康产业发展情况，编制产业分析情况专题报告、技术路线图册等。完成"延边州医药产业园区发展模式研究"等课题，努力推动全州各县市、各类园区医药健康产业不断提升创新发展能力。

### （三）服务科技创新成果不断转化

研究所聚焦科技项目管理服务职责，依托吉林省科技创新平台管理中心远程答辩室，在评审论证、结题验收等环节发力，服务全州围绕医药健康、新材料、新能源、现代农业等产业领域谋划、立项、实施各级各类科技发展计划项目 300 余项。在国际合作方面，发挥人文区位优势，实施"韩国科技信息研究"项目，跟踪编译韩国创新动态、前沿技术和科技成果等信息。探索与俄罗斯科学院远东分院在农林、动植物资源保护等领域建立沟通联系、开展对话合作。在国内合作方面，发挥省级技术转移示范机构作用，联合延吉高新区"东北亚知识产权运营中心"等服务平台，推动州内企事业单位与吉林大学、中科院相关院所、延边大学等高校院所加强合作。

### （四）服务科技人才队伍不断壮大

研究所落实"三区"人才计划和科技特派员制度，围绕农业农村农民需求，助力"三区"人才、省级科技特派员开展培养示范户、技术培训、座谈交流、电话指导等工作，深入基层对脱贫村开展科技服务工作，累计开展培训和指导活动 1500 多次，录制科普微视频 40 多部，其中 8 部被人民日报网络版平台收录，推广新技术和新成果 66 个，解决实际问题 400 多个，服务科技致富带头人、普通农民 9000 余人次。

## 二 存在的问题

"十四五"以来，研究所在服务科技创新工作方面取得了一定成绩，但也发现了一些客观存在的问题，这里面有延边地区客观长期存在的科技创新难题，也有科技信息与科技创新深度结合的难题，主要表现在以下三个方面。

## （一）科技创新投入还有待增加

延边州财政在科技上的投入普遍不足，全社会研发经费内部支出占GDP比重远低于全省和全国的平均水平，科技投入不足已成为影响和制约延边州科技创新的最直接因素。

## （二）科技信息人才还相对短缺

延边州处偏远之地、经济总量偏低，对产业、技术，特别是人才吸引力有限。州内科研人员在职称评定、福利待遇、个人发展空间等方面都比较滞后，对高层次科研人才的吸引力明显不足。州本级科技信息研究机构缺少情报学、图书管理学等相关方面的专业人才，导致科技查新与咨询等业务服务能力不足。基层科技管理部门在上一轮机构改革中人员大幅减少，严重影响和限制了其在信息研究、政策咨询、企业服务等方面发挥的作用。

## （三）科技服务与企业创新结合还不够紧密

延边州科技企业多为中小微企业，科技创新能力总体偏弱，缺少实力雄厚、自主创新能力强的龙头企业，科技实力较强的也只有吉林敖东等少数企业，大部分企业整体处于"要我创新"的被动状态，对科技信息研究和文献服务咨询、数据挖掘分析等服务需求较少，科技信息工作难以围绕企业创新发展需求进行匹配和对接，导致信息载体相对单一，信息收集针对性不强，与延边州主导产业、优势产业链上企业结合不够紧密。

# 三　工作思路

党的二十大把科技创新的地位和作用提升到前所未有的战略高度，新时代站在高质量发展的新起点上，科技信息和服务需要立足全州现代化产业体系实际和发展定位，深度推动信息与科技、信息与产业、服务与创新多元素连接融合，围绕产业链部署创新链、围绕创新链布局产业链，以科技创新引领产业创新，积极培育和发展新质生产力，不断开辟新赛道、塑造新动能、形成新优势，加快打造区域创新中心，为推动延边州跨越赶超实现新的更大突破提供有力科技服务支撑。从全州科技发展的角度来看，延边州既要高效统筹调配各类创新资源，统筹创新能力建设、科技成果转化等重点环节，加快构建创新生态链；从强化信息和服务角度来看，延边州也要在强化信息研究能力，加快培育信息研究人才等方面发力。

# 四　几点建议

## （一）深化科技体制机制改革，进一步优化科技创新环境

一是提高重视。增强发展新质生产力和开展科技创新的责任意识，加快完善科技创新政策体系，努力营造重视创新、支持创新的良好社会环境。二是优化组织模式。推动健全与实际发展相匹配的科技创新体制，实现科技管理能力的聚合提质，进一步推动科技与人才、产业、高校等融合发展。三是深化科技领域"放管服"改革。持续为科研人员松绑减负，加强科研诚信建设，实行更加严格的知识产权保护，大力营造尊重科学、崇尚创新的良好氛围。

## （二）强化关键核心技术攻关，加快培育和发展新质生产力

围绕延边州现代化产业体系建设，系统布局近中远期产业核心技术攻关方向，统筹资金、人才、项目，依托属地高校院所、创新平台及重点企业，瞄准医药、新能源等"十大产业集群"和新材料等"五新产业"，组织梳理产业链关联企业创新资源清单、关键技术攻关清单，建立企业技术需求库，着力攻关一批关键技术，实现传统产业老树新花、新兴产业竞相发展。

## （三）整合优质创新资源，逐步提升企业自主创新能力

一是加强科技企业培育。加快推进科技统计、文献平台共享等多种服

务载体，做好信息与企业发展同步推进，在产业方向、信息载体、数据服务等方面做好与企业的对接，做好信息服务全链条各环节。二是助力企业加快发展。大力宣传企业申报享受 R&D 投入引导计划、研发费用加计扣除等惠企政策，引导企业承担科技项目、建设创新平台。

### （四）聚焦产学研用深度融合，推动科技成果转移转化

一是深化产学研合作。支持企业与高校院所建立创新合作机制，不断拓展对接深度和广度。二是搭建科技成果转移转化平台。大力培育科技中介、技术推广等服务业，广泛培养相关领域人才。三是深入开展科技招商。利用科博会等平台充分展示延边州资源禀赋、科技创新和特色产业优势。面向东北亚周边国家，吸引资金、人才、技术、企业家来延投资创业、转化成果。

### （五）加强科技人才引育，持续激发全社会创新创业活力

一是加强与省级科技信息机构合作，在课题申报、业务链接等方面，联合培养一批信息研究人才。二是用好用活本地人才。完善现有科技人才配套举措，为其开展科技研发、服务等提供保障。三是扩大"科创专员"选派规模，鼓励科技人才到企业兼职任职，围绕延边州产业需求开展科研攻关。

### （六）拓宽投融资渠道，赋能科技创新引领产业创新

一是引导企业加大科技投入。宣传落实企业研发费用加计扣除等优惠政策，激励企业加大研发投入。二是畅通融资渠道。搭建融资对接平台，促进科技与金融融合发展，深入开展多形式多领域银企对接活动，对优势项目给予信贷支持，尽快转化科研成果、投产达效。

科技创新是新质生产力的重要动力。"十四五"以来，研究所立足发展实际需求，大力推动科技创新，在战略研究、产业发展、人才培养等方面发力，为助推科技发展提供了有力支撑，但是也存在一些现实问题。面向未来，培育新质生产力发展实际强化科技创新需求，延边州科学技术信

息研究所围绕信息和服务两大抓手服务延边地区创新发展必定有所作为。

## 参考文献

张万宏：《创新驱动 情报先行》，《兰州日报》2022 年 2 月 8 日。

宋伟、李汉清：《科技创新引领产业创新 加快发展新质生产力》，《青岛日报》2024 年 3 月 17 日。

戴翔、占丽：《以科技自立自强引领新质生产力发展》，《南京日报》2024 年 2 月 28 日。

赵永新：《加强科技创新 培育发展新质生产力的新动能》，《人民日报》2024 年 3 月 31 日。

张博一、刘月霞：《以科技创新引领乡村产业振兴》，《河北日报》2023 年 11 月 1 日。

# Research on Promoting the Development of New Quality Productive Forces

## —Take Yanbian Prefecture Institute of Science and Technology Information Service Innovation Development as an Example

*Wang Qi    Jin Zhequan    Xu Shaohua*

**Abstract**：Currently，the world is experiencing unprecedented changes，with technological and industrial changes accelerating and technological innovation becoming a key factor in high-quality development and cultivating new productive forces. By taking the service innovation development of Yanbian Prefecture Science and Technology Information Research Institute as the starting point，this paper systematically summarizes the basic situation of science and technology innovation promoting the development of new productive forces in

Yanbian Prefecture since the 14th Five Year Plan, analyzes the main problems, and proposes countermeasures and suggestions, providing reference for helping Yanbian accelerate the cultivation and development of new productive forces.

**Keywords**：Yanbian Prefecture；Service Innovation and Development；New Quality Productivity

# 科研机构党建与科研创新融合策略研究

金丽丽[*]

**摘　要：** 在当今世界，科技创新已成为衡量国家竞争力的核心指标之一。科研机构作为科技创新的重要基地，其研究成果直接关系到国家的科技进步和社会发展。随着党建工作的深入推进，如何有效地将党建工作与科研创新活动相结合，已成为提升科研机构创新能力的重要议题。党的建设在科研机构中扮演着至关重要的角色。良好的党建工作不仅能够增强科研人员的政治意识和责任感，还能在促进科研诚信、提高团队凝聚力等方面发挥显著作用。然而，现实中党建与科研创新如何有效融合，仍面临诸多问题和挑战。传统的党建活动与科研人员的专业活动存在一定的脱节；如何在不影响科研自主性和创造性的前提下，通过党建活动激发科研人员的创新潜力，是一个需要深入探讨的问题。因此，本文旨在探索科研机构中党建与科研创新有效融合的策略，通过分析现有的党建与科研工作的互动模式，提出优化策略，以期达到提高科研创新能力的目的。

**关键词：** 科研机构；党建工作；创新融合

通过深入研究和实施党建与科研创新的融合策略，科研机构不仅能够增强自身的科研创新能力，还能为党建工作提供新的发展空间和展示窗

---

\* 金丽丽，吉林省科学技术信息研究所，助理研究员，主要研究方向为科技管理。

口。研究成果能为相关领域提供理论参考和实践指导，推动科研机构在新时代背景下实现更高水平的科研创新与党建工作的有机结合。

## 一　科研机构中党建与科研创新的现状与挑战

在当前的科研环境中，科研机构内部的党建活动与科研创新之间存在一定的张力与互补性。党建工作作为推动科研机构政治和文化建设的重要力量，其在科研活动中的渗透和影响不容忽视。[1] 然而，面对科研创新的快速发展和日益增长的外部竞争压力，如何在保证科研自主性和创新性的同时有效地融合党建活动，成为科研机构不得不面对的重要课题。党建工作在促进科研机构政治导向和价值观塑造上发挥着基础性作用，但在实际操作中，如何处理好党建工作与科研自由之间的关系，避免党建活动成为科研创新的束缚，是摆在科研机构面前的一大挑战。科研创新需要一个开放和自由的思想环境，这与传统的党建管理方式会产生冲突。随着科技创新的不断进步，传统的党建模式难以满足科研人员在新环境下的需求，如何创新党建方式以适应科研创新的需求，也是当前科研机构需要解决的问题。[2] 科研机构在推动党建与科研创新融合的进程中，必须克服内部的保守性和外部的变革压力，找到一条既能维护党的领导核心作用，又能激发科研创新活力的有效路径。

## 二　党建在科研创新中的潜在作用和意义

党建在科研机构中的实施不仅仅是政治任务的完成，更是深化科研创新内涵与推广科技成果的重要驱动力。[3] 在科研创新领域，党建活动能够为科研人员提供坚强的政治保证和思想支持，这在科研机构中尤为重要，

---

①　尹静、朱荣生、孙文博、吴家强：《高质量党建驱动科研院所高质量发展的探索与实践》，《农业科技管理》2023 年第 4 期。

②　中国科学院：《深入把握和运用国家科研机构党的建设规律》，《旗帜》2023 年第 8 期。

③　米钰：《"双带头人"培育工程视域下高校科研机构党支部建设研究》，《现代商贸工业》2023 年第 18 期。

党建活动可以建立起符合科研机构特点的价值观和行为准则，这对于促进科研机构的长期健康发展具有不可估量的作用。在实际操作中，党建可以通过多种形式影响和促进科研创新，例如，通过党建活动可以提高科研人员的责任感和使命感，增强团队的凝聚力和战斗力。党建工作的深入实施有助于形成公正、公开、公平的科研环境，为科研创新提供良好的外部条件。[①] 从长远来看，党建活动在提升科研机构治理水平、增强创新主体活力、推动科技成果转化等方面能发挥更大的作用，将党建工作与科研创新紧密结合，不仅可以提升科研机构的整体竞争力，还可以在更大范围内推广科技进步和创新成果。

# 三　党建与科研创新融合的策略优化

## （一）加强党组织的引领作用

### 1. 优化党组织在科研机构的组织架构

在科研机构中，党组织的结构优化是提升党建工作与科研创新融合效率的关键步骤。党组织应当调整自身的组织架构，以更好地适应科研机构的需求和挑战，凭借构建更为灵活和适应性强的组织架构，党组织能够在科研机构内部发挥更加积极和核心的作用。[②] 党委可以通过设立专门的科研部门，直接参与科研项目的管理和决策过程，确保党的方针政策和科研创新目标的一致性。增设党组织联络员，直接参与各研究团队，加强与科研人员的日常交流与合作，确保党建活动与科研实践的有效结合。这种结构上的调整不仅有助于提高党组织的工作效率，也有助于增强党组织对科研活动的指导和服务能力，凭借这样的优化，党组织将能够更深入地理解科研人员的需求，更有效地支持科研项目的实施，推动科研机构的整体创新能力和科研成果的提升。

---

① 吴迪：《高校党建引领高校高质量发展的对策建议》，《新西部》2023年第7期。

② 王礼伟、陈富平：《我国科研院所党建工作研究现状、热点与趋势——基于 CiteSpace 的可视化分析》，《农业科技管理》2023年第2期。

2. 增强党的工作在科研决策中的影响力

为了增强党的工作在科研决策中的影响力，科研机构应当将党组织的角色定位为科研决策的重要参与者。这一策略的实施需要从确保党的建议和决策在科研过程中得到充分考虑和应用开始。① 首要步骤是将党组织成员纳入科研项目的评审和决策小组，这种方式可以保证科研方向和项目的选择符合国家战略需求和党的科技政策。党组织在科研决策中的参与，不仅能够为科研项目提供方向性的指导，还能增强科研人员对国家战略目标的认识和响应。此举也有助于培养科研人员的政治敏锐性和责任感，确保科研活动的正确政治方向，凭借定期组织科研与党建工作的联合会议，加强信息交流与共享，党组织能够更有效地监督和支持科研项目的进展，确保科研活动不偏离预定的目标和方向。② 这种策略的实施不仅提升了党建工作的实际影响力，也构建了科研与党建工作融合的长效机制，为科研机构的持续创新提供了坚强的政治和组织保障。

## （二）促进科研氛围和文化的建设

1. 构建积极向上的科研文化

科研机构的长远发展依赖于内部文化的塑造，特别是构建一个积极向上的科研文化对于激发创新具有至关重要的作用。在这一过程中，党组织应当发挥核心作用，通过形塑和弘扬科研诚信、勤奋探索、协作共享等价值观来构建科研文化。具体措施包括定期组织科研成果的交流会议，不仅为科研人员提供展示自己工作的平台，也促进了科研成果的交流与分享，增强了科研团队之间的互动与合作。应当鼓励科研人员参与到科研诚信教育和职业道德建设中，这不仅能增强个体的责任感和使命感，还能够在整个科研团队中形成正向激励的氛围，凭借这些活动，党组织可以有效地将

---

① 万青、李胜：《"支部建在团队上"在科研院所的实践研究——江苏省农业科学院兽医研究所党建引领科研工作探索》，《农业科技管理》2023 年第 1 期。

② 马振、王延奎：《"标准化"在科研院所党建质量提升中的作用探析》，《中国标准化》2022 年第 22 期。

党的理论和价值观融入科研文化中，推动科研机构文化的持续健康发展。①
这种文化的核心在于促使每一位科研人员都能在追求科研成果的过程中，
感受到科研活动带来的社会价值和个人成就，自觉地维护和推广这种积极
向上的科研文化。

2. 提升科研人员的党性教育与科研热情

在科研机构中增加科研人员的党性教育并提升其科研热情是实现科研
与党建融合的重要环节，强化党性教育可以更好地激发科研人员的科研热
情，使他们在追求科学探索的过程中不忘初心，坚定理想信念。党组织应
制定一系列具体措施，如开展主题党日活动，通过讨论党的理论和政策，
科研人员能够更好地理解国家的科技方向和政策导向，组织科研人员参观
科技企业和高新技术展览，可以增强其对科技发展趋势的认知，提升其科
研热情。党组织还应当关注科研人员的职业生涯发展，定期提供职业规划
与发展培训，帮助科研人员设立科研目标，并提供实现这些目标的支持和
资源。这样的教育和培训不仅能够促进科研人员个人能力的提升，也有助
于形成一个积极探索、敢于创新的科研环境，凭借这些措施的实施，可以
有效提升科研人员的党性教育水平和科研热情，为科研创新提供强大的精
神动力和人才支撑。

### （三）创新党建工作方式

1. 应用现代信息技术优化党建活动

科研机构的党建活动在面对日益复杂的科研环境时，需利用现代信息
技术来提升效率与影响力，凭借整合信息技术，党建活动能够更加精准地
捕捉科研人员的需求和挑战，同时提高活动的互动性和参与度。具体措施
包括开发专用的党建管理软件平台，这一平台可以实现对党员活动的在线
管理、党员教育资源的共享以及党务公开透明化。该平台还可以通过数据
分析，对党建活动的效果进行评估和优化，确保党建工作与科研机构的目

---

① 李艺、阮晓红、荣小军、孙捷：《新媒体助力党建工作新发展——科研院所构建"新媒体+"党建工作模式研究》，《经济师》2022 年第 11 期。

标保持一致。利用虚拟现实技术举办在线党课和研讨会，可以不受地域和时间的限制，提高党员的学习效率和参与感，凭借这些技术的应用，党组织能够更好地服务于科研人员，将党建工作融入科研团队的日常工作中，有效扩大党建活动的覆盖面和影响力，使其成为推动科研创新的有力支撑。

2. 创新党内教育与科研人员培训方式

创新在党内教育和科研人员培训中是确保科研工作持续发展与适应新挑战的关键。当前，党组织需要采取新的方法，结合科研人员的专业背景和实际需求，设计更符合实际的教育和培训方案，凭借案例分析教学，党组织可以将党的理论与科研实际相结合，利用真实的科研案例来解释和展示党的理论在科研工作中的应用。此方法不仅能够提升科研人员的党性教育效果，还能增强他们解决实际问题的能力。引入在线互动平台进行培训，可以实现更灵活的学习时间安排，增强培训的互动性和实时反馈，更好地满足科研人员的个性化学习需求。党组织还可以通过与国内外知名科研机构和高校合作，定期举办高层次的学术交流和讲座，为科研人员提供国际视野下的新知识和新技能，不断提升他们的科研能力和创新思维，凭借这些创新教育和培训方式的实施，可以有效地提升科研人员的整体素质和科研创新能力，为科研机构的发展注入新的活力和动力。

## （四）激发科研创新活力

1. 通过党建活动提升科研团队的协同效应

科研机构的创新活力很大程度上取决于团队成员之间的协同合作。党建活动作为增强团队合作的有力工具，其在科研团队中的应用必须具备创新性和实用性。党组织可以通过组织团队建设活动，如团队拓展训练、共同完成党建任务等方式，加强科研人员之间的沟通与协作。这些活动不仅加深了团队成员之间的相互了解，还促进了共同价值观和目标的形成，显著提高了团队的协同效应。党组织应当引导科研人员将党的理念和精神应用到科研实践中，通过定期的科研成果分享会和讨论会，提供一个平台让科研人员能够相互学习、共同进步。为了确保这些党建活动能够直接支持科研项目的需求，党组织应与科研团队密切合作，了解团队的具体需求和挑战，确保党建活动的内容和形式与科研团队的实际工作紧密结合，凭借这样的方法，党建活动不仅提升了科研团队的内部凝聚力，还有效激发了团队成员的创新活力，为科研机构创造更多的科研成果和创新提供了坚实的团队基础。

2. 优化资源配置，支持科研项目和创新实践

资源配置的优化是科研机构激发创新活力的重要方面。有效的资源配置策略可以确保科研人员获得必要的支持，充分发挥其创新潜力。党组织在这一过程中扮演着至关重要的角色，通过精确的资源调配和管理，可以大幅提升科研效率和创新质量。具体来说，党组织可以通过建立一个透明和公正的资源分配机制，确保所有科研人员根据项目需求公平地获取资源，包括资金、实验设备和实验材料。党组织应当推动建立多层次的科研资助体系，包括启动基金、项目基金和成果奖励等，以适应不同阶段科研项目的需求，凭借定期的评估和反馈机制，党组织能够及时了解资源分配的效果，并根据科研人员和项目的实际成效进行调整。党组织还应促进科研合作网络的建设，通过校企合作和国际合作，拓宽资源获取渠道，增强科研机构的资源整合能力，凭借这些措施，科研机构不仅能够为科研人员提供充足和合理的资源支持，还能够通过高效的资源配置促进科研项目的成功实施和科技创新的持续发展。

# 四　结语

深入分析科研机构中党建与科研创新的融合策略，提出一系列优化策略，增强党建工作与科研创新的相互作用，以提升科研机构的整体创新能力。研究表明，加强党组织的引领作用、促进科研氛围和文化的建设、创新党建工作方式以及激发科研创新活力，都是推动科研创新与党建深度融合的有效策略，凭借实施这些策略，科研机构可以更好地利用党建工作为科研创新提供动力和支持，优化科研环境，激发科研人员的创新潜能，提高科研产出的质量和效率。建立和完善党建与科研创新融合的评估体系，

也是确保策略实施效果的关键因素。

# Research on the Integration Strategy of Party Building and Scientific Research Innovation in Scientific Research Institutions

*Jin Lili*

**Abstract:** In today's world, scientific and technological innovation has become one of the core indicators of national competitiveness. As an important base of scientific and technological innovation, the research achievements of scientific research institutions are directly related to the country's scientific and technological progress and social development. With the socialism with Chinese characteristics entering a new era and the deepening of the party building work, how to effectively combine the party building work with scientific research and innovation activities has become an important topic to improve the innovation ability of scientific research institutions. Party building plays a vital role in scientific research institutions. Good party building work can not only enhance the political awareness and sense of responsibility of scientific researchers, but also play a significant role in promoting scientific research integrity and improving team cohesion. However, in reality, how to effectively integrate the party building and scientific research innovation, still faces many challenges and problems. There is a disconnection between the traditional party building activities and the professional activities of researchers; how to stimulate the innovation potential of researchers without affecting the autonomy and creativity. Therefore, this study aims to explore the strategy of effective integration of party building and scientific research innovation in scientific research institutions. By analyzing the existing interactive mode of party building and scientific research work, optimization strategies are proposed to achieve the purpose of improving the innovation ability of scientific research.

**Keywords**：Scientific Research Institutions；Party Building；Innovation and Integration

# 科技机构创新发展面临的挑战和机遇研究

范鑫华　胡月鹏　张　鑫　姜　浩<sup>*</sup>

**摘　要：** 科技研究是推动社会进步和经济发展的重要驱动力之一。本文探讨了科技机构创新发展面临的挑战和机遇，分析了科技机构发展的现状和未来趋势，提出了加强科技机构创新的措施和建议，旨在推动科技机构创新发展，应对挑战和抓住机遇。

**关键词：** 科技机构；创新发展

科技机构，是以科学研究为目的，以技术服务为目标，有组织、有一定规模、有固定场所的，并有固定工作人员的，符合一定条件的，非企业性质的组织形式①。科技机构是一种专门从事科学技术开发、应用、推广、转化和交流的机构，其主要任务是推动科技创新和经济发展。科技机构包括科研机构、技术团队、科技企业、科技孵化器和专业服务机构等。在科技创新和转化方面，科技机构发挥着重要的作用，不仅推动了企业的发展，也促进了社会进步。

科技机构的具体职能涵盖了科研、技术转化、技术服务、人才培养、

---

\* 范鑫华，辽源市科学技术信息研究中心，专业技术十一级研究实习员，主要研究方向为自然科学研究；胡月鹏，辽源市科学技术信息研究中心，专业技术十二级研究实习员，主要研究方向为科技信息统计与分析；张鑫，辽源市科学技术信息研究中心，专业技术十一级研究实习员，主要研究方向为自然科学研究；通讯作者：姜浩，辽源市科学技术信息研究中心，专业技术十一级研究实习员，主要研究方向为自然科学研究。

① 陈劲、吴丰：《面向高水平科技自立自强的国家科研机构改革进路》，《改革》2024 年第 7 期。

行业协同等多个方面①。科研工作是科技机构最重要的职能之一，通过科研能够推动科技创新和产业升级。技术转化则是将科学技术成果转化为实际应用，增加经济效益。技术服务是科技机构为企业和社会提供相关技术支持，协助企业进行技术创新的重要手段。人才培养则是培养相关专业人才，为社会培养创新型人才。行业协同则是协助政府制定和实施相关政策，推动产业发展。

随着科技的快速发展，科技机构在推动科技创新和经济发展中的作用越来越重要。然而，科技机构创新发展也面临着诸多挑战和机遇。本文将探讨科技机构创新发展面临的挑战和机遇，分析科技机构发展的现状和未来趋势，提出加强科技机构创新的措施和建议。

# 一 科技机构的发展现状

科技机构是科技创新和经济发展的重要载体，随着科技的快速发展和市场竞争的加剧，科技机构的发展也面临着新的挑战和机遇。

## （一）国内科技机构的发展

国内科技机构的发展取得了显著的成就，但也存在一些问题。例如，技术创新能力不足、科技成果转化率不高、资金短缺等。同时，国内科技机构也面临着一些机遇，如政策支持、市场需求等。进入新时代以来，国内外环境变化对我的科技创新能力、科技管理体制，以及国家科技创新治理体系和治理能力提出了更高要求。进一步理顺科技管理体制，实现高水平科技自立自强，成为我国科技体制改革的迫切要求。本轮科技机构改革通过加强党中央对科技工作的集中统一领导，旨在完善社会主义市场经济下的新型举国体制，更好发挥政府在关键核心技术攻关中的组织作用，从而实现国家科技治理体系变革和治理能力提升。

---

① 李强、孟宪飞、董照辉：《世界各国科研机构及高等院校优势学科比较——基于 1981-2020 年著名国际科技奖项的探讨》，《科学学研究》2024 年第 11 期。

### （二）国外科技机构的发展

国外科技机构的发展经验可以为国内科技机构提供有益的借鉴。例如，加强国际合作、优化创新环境、提高科技成果转化率等。同时，国外科技机构也面临着一些挑战，如技术创新的难度和风险加大、人才流失和短缺等。

国外科技机构在科研成果产出方面取得了显著成果。它们在国际学术期刊上发表了大量高水平的论文，获得了多项国际专利，形成了丰富的科研成果库。这些成果不仅提高了科技机构的国际影响力，还为相关产业的发展提供了有力支撑[1]。科技成果转化是科技创新的最终目的。国外科技机构在科技成果转化方面取得了积极进展。它们通过建立产学研合作平台、设立科技成果转化基金等方式，促进了科技成果中现实生产力的转化。同时，这些机构还注重与企业、政府部门等的合作，共同推动科技成果的应用和推广。各国政府普遍重视科技创新工作，出台了一系列支持科技创新的政策措施。这些政策包括税收优惠、资金支持、人才引进等，为科技机构的发展提供支持。

国外科技机构在技术创新力、合作与交流、资金与投入、科研成果产出、科技成果转化、政策环境以及人才队伍建设等方面均取得了显著进展[2]。这些机构的发展不仅推动了全球科技的进步，也为相关产业的发展提供了有力支撑。展望未来，随着全球科技竞争的加剧和科技创新的加速推进，国外科技机构将继续发挥重要作用，推动全球科技创新事业不断向前发展。

## 二 科技机构创新发展面临的挑战

当前国家科技机构在国家创新体系中定位不清晰，以致其在承接国家

---

[1] 陈芳：《中国更高水平开放不停步 多举措支持境外机构投资境内科技型企业》，《上海证券报》2024 年 4 月 27 日。

[2] 陈植：《多措并举支持境外机构投资境内科技企业》，《21 世纪经济报道》2024 年 4 月 23 日。

战略时，难以最大化发挥作用，并作出应有贡献。一是国家科技机构在基础研究、应用研究和产业技术开发方面职能分工模糊。缺乏明确的使命和目标导向，例如科技机构整体对基础研究的投入不足，使得基础研究难以满足创新发展需求。二是国家科技机构与高等院校在人才培养方面分工不明确。存在重复建设问题，导致资源浪费和无效竞争，例如部分国家科技机构也开办大学，不仅分散了自身资源而且与已有高等教育机构功能重叠。三是国家科技机构在产业链中的定位模糊。在促进产业技术开发和成果转化方面的角色和职责不明晰，缺乏与企业合作的明确路径和机制，导致科研成果难以直接服务于产业发展需求，与产业界距离较远的问题较为突出。科技行业面临着技术风险、市场风险、政策风险等多重挑战，科技机构应增强风险意识，加强风险防控[①]。科技机构应制定完善的风险应对策略，确保企业在复杂多变的市场环境中稳健发展。

### （一）技术创新的难度和风险

科技创新的难度和风险是科技机构创新发展面临的主要挑战之一。技术创新需要投入大量的人力、物力和财力，同时也存在失败的风险。因此，科技机构需要加强技术创新能力，提高创新效率和成功率。

### （二）人才流失和短缺

人才是科技机构创新发展的重要资源，但人才流失和短缺也是科技机构面临的主要挑战之一。科技机构需要加强人才培养和引进，建立完善的人才激励机制，留住人才并吸引更多的人才加入。

### （三）资金不足和管理不善

资金是科技机构创新发展的重要保障，但资金不足和管理不善也是科技机构面临的主要挑战之一[②]。科技机构需要加强资金管理，提高资金使

---

① 苏洁：《金融机构科技投入逐年递增》，《中国银行保险报》2024 年 4 月 9 日。
② 佘映薇：《推动科技服务机构发展壮大》，《珠海特区报》2022 年 10 月 10 日。

用效率，同时积极寻求融资渠道，扩大资金来源。

# 三 科技机构创新发展面临的机遇

随着全球科技日新月异的发展，科技机构正面临着前所未有的机遇与挑战。科技机构发展的现状和未来趋势是科技机构创新发展的重要参考。科技机构需要加强自身建设，提高创新能力和竞争力，同时积极应对挑战和抓住机遇[①]。

## （一）政策支持和市场需求

政策支持和市场需求是科技机构创新发展的重要机遇。政府出台了一系列扶持科技创新的政策，为科技机构提供了政策保障。同时科技机构应深入解读政策法规，合理利用政策资源，应对自身研发能力、创新能力、市场拓展能力等进行全面评估，明确优势和劣势。根据评估结果，制定有针对性的发展计划，加强能力建设，提升核心竞争力，推动企业发展。

市场需求也为科技机构提供了广阔的发展空间。人工智能、量子计算、生物技术等领域的创新成果层出不穷，为科技机构提供了技术创新的源泉。开放式创新成为主流，科技机构应加强产学研合作，充分利用外部资源，加速技术创新进程。消费者对于智能化、个性化、绿色化的产品和服务需求不断增长，科技机构应紧密关注市场需求变化，及时调整产品策略。新兴市场如数字经济、智能制造等领域具有巨大的发展潜力，科技机构应积极布局新兴市场，抢占先机。

## （二）国际合作和技术转移

国际合作和技术转移是科技机构创新发展的重要机遇。科技机构可以

---

① Science and Technology " Researchers' from Nelson Mandela African Institution of Science and Technology Report Details of New Studies and Findings in the Area of Science and Technology（The effect of traditional and improved solar drying methods on the sensory quality…）", *Science Letter*, 2020.

通过与国际科技机构的合作，引进先进的技术和管理经验，提高自身的创新能力和竞争力。国内外科技巨头纷纷加大研发投入，加速产业布局，竞争日益激烈。科技机构应关注竞争对手的动态，制定差异化竞争策略，提升自身竞争力。跨界融合已成为科技发展的重要趋势，科技机构应积极探索与其他行业的融合机会。通过跨界融合，实现资源共享、优势互补拓展新的业务领域，提高市场竞争力。

### （三）新兴技术和产业发展

当前科技行业正呈现出快速发展、深度融合的态势，云计算、大数据、人工智能、物联网等新技术不断涌现，为科技机构提供了广阔的发展空间。新兴技术和产业发展为科技机构提供了新的机遇。科技机构可以抓住新兴技术和产业发展的机遇，加强技术创新和科技成果转化。行业结构不断优化，新兴科技产业成为经济增长的重要动力，科技机构应紧跟行业发展趋势，积极调整战略方向。

## 四　加强科技机构创新的措施和建议

科技机构发展的未来趋势主要包括以下几个方面：加强技术创新能力、提高科技成果转化率、优化创新环境、加强国际合作等。科技机构需要抓住未来发展趋势，加强自身建设，提高创新能力和竞争力。

为了推动科技机构创新发展，应对挑战和抓住机遇，本文提出了以下加强科技机构创新的措施和建议。一是政府应出台更加有力的扶持政策，为科技机构提供更多的政策保障。例如，加大资金投入、优化税收政策、加强知识产权保护等。二是科技机构应加强人才培养和引进，建立完善的人才激励机制，留住人才并吸引更多的人才加入。同时，科技机构应加强与高校和科研机构的合作，共同培养创新人才。三是科技机构应加强与国际科技机构的合作，引进先进的技术和管理经验，提高自身的创新能力和竞争力。同时，科技机构应加强与其他科技机构的合作，共同推动科技创新和经济发展①。四是科技机构应加强科技成果转化和应用，促进科技成果与市场需求的对接，推动经济和社会的可持续发展。

# 五 结语

科技机构创新发展面临的挑战和机遇并存，加强科技机构创新发展需要政策支持、人才培养和引进、科研合作和交流、科技成果转化和应用等多方面的措施。只有不断推动科技机构创新发展，才能更好地应对挑战和抓住机遇。随着科学技术的快速发展和产业结构的不断变革，科技机构也在不断发生变化。未来，科技机构的发展趋势将更加注重创新创业，推动核心技术的突破和转化，并加强与社会的联系，更好地服务于人民和社会。同时，在人才培养方面，科技机构将加强与高校、企业等各方面的合作，增强人才培养的针对性和实效性。此外，科技机构还将加强信息化建设，推动科技资源共享和技术交流，更好地服务于企业和社会。

# Research on the Challenges and Opportunities Faced by Technological Institutions in Innovative Development

*Fan Xinhua  Hu Yuepeng  Zhang Xi  Jiang Hao*

**Abstract**：Technological research is one of the important driving forces for social progress and economic development. This article discusses the challenges and opportunities faced by technological institutions in their innovative development，analyzes the current situation and future trends of technological

---

① Agronomy "Studies from Nelson Mandela African Institution of Science and Technology in the Area of Agronomy Described（Influence of Tobacco Plant on Macronutrient Levels in Sandy Soils）"，*Agriculture Week*，2020.

institutions, and proposes measures and suggestions to strengthen technological institutions' innovation, aiming to promote technological institutions' innovative development, respond to challenges, and seize opportunities.

**Keywords**: Scientific and Technological Institutions; Innovative Development

# 吉林省科研院所知识产权现状研究

## ——以中国科学院系统为例

张　羽[*]

**摘　要**：我国的知识产权事业在近年来取得了诸多成就。其中，科研院所作为国家创新体系的重要组成部分，是大量创新成果、智力劳动成果产出的主力军。本文以中国科学院系统为例，通过 2020~2024 年中国科学院系统的专利文献，分析吉林省科研院所的知识产权现状。利用分析软件、采用图表对专利文献进行定性及定量分析，总结了吉林省科研院所知识产权的发展趋势、技术分布、转化情况等，指出现阶段存在的问题以及提出相应的建议和对策，以期为吉林省科研院所未来的知识产权发展提供参考，进一步促进吉林省科技创新以及加快发展新质生产力。

**关键词**：科研院所；知识产权；吉林省

知识产权是指权利人对其所创作的智力劳动成果所享有的专有权利，世界知识产权组织（WIPO）于 1967 年正式提出这一概念[①]。知识产权是一种无形财产，其中专利权、著作权和商标权是最主要的三种。科技成果知识产权主要以下列两种方式产生：一是依法定程序确立后形成，如发明专利、实用新型专利、商标等；二是根据法律自动生成，如著作权、商业

---

[*]　张羽，硕士，长春中科长光知识产权代理事务所专利代理师，知识产权师，主要研究方向为专利撰写、审查意见答复、复审工作。

[①]　张雪：《我国农业知识产权产业化发展及对策研究》，中国科学技术大学博士学位论文，2019。

秘密等①。

我国知识产权发展特征主要包括以下两个方面：①司法保护与行政执法并行；②以互利共赢与合作竞争为经济导向②。根据 WIPO 公布的全球创新指数报告，近年来我国知识产权保护水平在世界范围内的排名不断攀升，可以看出我国知识产权的总体水平尤其是知识产权的保护运用水平快速提升；但是相比于世界先进国家，我国知识产权的保护环境还有待完善，需在今后加以完善③。

科研院所作为国家创新体系的重要组成部分，是大量创新成果、智力劳动成果产出的重镇④。创新是引领科技发展的第一动力，保护知识产权就是保护创新。国家知识产权局的数据显示，截至 2023 年底，我国科研机构的有效发明专利数量达到 22.9 万件。吉林省科研院所也已储备了大量专利等知识产权成果，同时积累了一定的知识产权管理经验，具有良好的发展基础和发展态势，在知识产权工作上也取得了较大进步。与此同时，吉林省科研院所的知识产权工作仍然面临一些待解决的问题，比如知识产权转化率不高、保护意识不强等。提高知识产权管理能力、发挥出知识产权应有的经济价值是实现吉林省科研院所知识产权管理工作可持续发展的重点。

# 一　吉林省科研院所知识产权现状

吉林省科研院所及高校众多，在科技创新方面也占有很大权重，例如

---

①　马锋等：《科技成果转化中的知识产权相关问题研究——基于中国科学院下属科研院所的调研分析》，《管理评论》2021 年第 3 期；张志刚等：《农业科研院所知识产权现状及发展建议——以中国农业科学院蔬菜花卉研究所为例》，《农业科研经济管理》2022 年第 3 期。

②　曲立等：《国内外知识产权保护现状及我国知识产权发展对策研究》，《中国市场监管研究》2019 年第 8 期。

③　曲立等：《国内外知识产权保护现状及我国知识产权发展对策研究》，《中国市场监管研究》2019 年第 8 期。

④　滕启治等：《科研机构知识产权工作高质量发展的思考》，《高科技与产业化》2022 年第 4 期。

中国科学院长春光学精密机械与物理研究所、吉林大学、东北师范大学、长春理工大学、中国科学院长春应用化学研究所、长春工业大学、东北电力大学等科研院所及高校，其专利申请数量甚至超过本区域的大型工业企业[①]。本文以中国科学院系统为例对吉林省科研院所进行下述知识产权现状分析。

## （一）科研院所机构设置

中国科学院系统在吉林省下设了中国科学院长春分院，现有 4 个法人研究机构：长春光学精密机械与物理研究所、东北地理与农业生态研究所、长春应用化学研究所及国家天文台长春人造卫星观测站。

各科研院所高度重视知识产权工作。其中，长春光学精密机械与物理研究所的知识产权与成果转化处负责知识产权类、成果转化类项目资源争取及过程管理及知识产权创造、保护、运营等管理工作；东北地理与农业生态研究所的科研计划处负责各类科研任务的组织申报和管理，以及科技奖励、知识产权、科研绩效成果管理等工作；长春应用化学研究所的科技处负责专利与项目管理相关工作，包括专利流程操作及管理、代理机构协调、知识产权培训及信息化建设、知识产权项目管理等。

## （二）知识产权发展现状分析

本文利用 IncoPat 科技创新情报平台对中国科学院系统的长春光学精密机械与物理研究所、东北地理与农业生态研究所、长春应用化学研究所及国家天文台长春人造卫星观测站 2020～2024 年的专利情况进行统计分析，统计数据为 7446 件，数据统计截止时间为 2024 年 7 月 4 日。分析维度包括专利申请趋势、专利授权情况、专利申请技术分布、专利运营情况等。

1. 专利申请数量统计

图 1 是 2020～2024 年吉林省中国科学院系统科研院所专利申请量的发

---

① 李云瑶：《吉林省老工业基地工业创新能力、格局与机制研究》，中国科学院大学博士学位论文，2023。

展趋势。申请数量的统计范围是目前已公开的专利。发明专利一般在申请后 3~18 个月公开，实用新型专利和外观设计专利一般在申请后 6 个月公开。从宏观层面来看，2020~2023 年连续四年（2024 年仅公开部分专利申请）各科研院所专利申请总量年均超过 1500 件，在 2021 年申请量最多；其中长春光学精密机械与物理研究所的专利申请量最高，在 2021 年超过了1000 件。

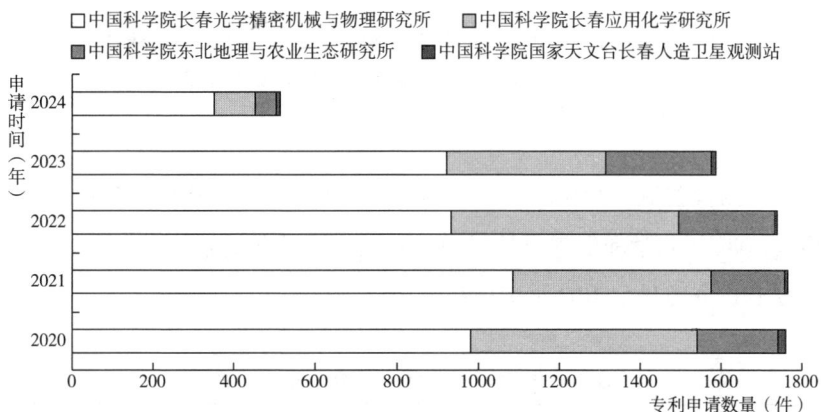

**图 1　2020~2024 年吉林省中国科学院系统科研院所专利申请量的发展趋势**
资料来源：作者根据相关网站整理自制。

2. 专利授权情况

图 2 是 2020~2024 年吉林省中国科学院系统科研院所专利申请数量、专利授权数量与发明专利授权数量的变化趋势。2020~2022 年，各年度专利申请数量基本持平，专利授权数量与发明专利授权数量的变化趋势基本一致，在 2020 年至 2022 年逐年递增后趋于稳定；2022 年发明专利授权数量最高值（681 件），其中有 621 件授权的发明专利，占授权总量约 91.2%。

3. 专利申请的技术构成分析

近五年专利申请中排名前 20 的 IPC 分类号中，IPC 分类号为 G01、G06、C08、G02 和 H01 的专利排前 5 位，所占比例分别为 24.21%、13.21%、13.1%、12.89% 和 11.05%，表明各科研院所关注的核心技术主

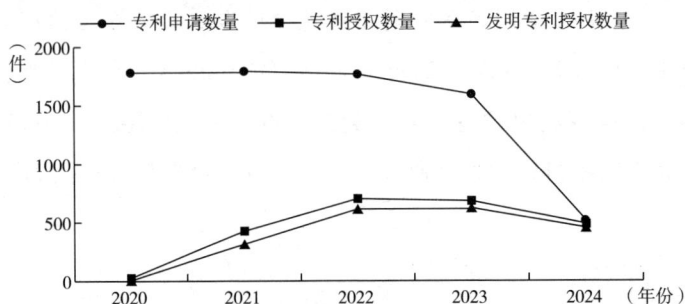

**图 2 2020~2024 年吉林省中国科学院系统科研院所专利申请数量
专利授权数量与发明专利授权数量变化趋势**

资料来源：作者根据相关网站整理自制。

要分布在测量测试（G01）、计算（推算）或计数（G06）、有机高分子化合物（C08）、光学和电气元件（G02 和 H01）等相关技术。

按 IPC 分类号的 IPC 小类进行统计，结果如表 1 所示。

**表 1 专利申请中 TOP10 IPC 小类构成**

| IPC 分类号 | 专利数量占比 | 技术领域 |
|---|---|---|
| G02B | 12.58% | 光学元件、系统或仪器 |
| G01N | 7.73% | 借助于测定材料的化学或物理性质来测试或分析材料 |
| C08G | 6.71% | 用碳-碳不饱和键以外的反应得到的高分子化合物 |
| C08L | 5.85% | 高分子化合物的组合物 |
| G06T | 5.37% | 一般的图像数据处理或产生 |
| H01L | 5.18% | 不包括在大类 H10 中的半导体器件 |
| G06F | 5.10% | 电数字数据处理 |
| G01B | 4.64% | 长度、厚度或类似线性尺寸的计量；角度的计量；面积的计量；不规则的表面或轮廓的计量 |
| G01J | 4.52% | 红外光、可见光、紫外光的强度、速度、光谱成分，偏振、相位或脉冲特性的测量；比色法；辐射高温测定法 |
| C08J | 3.77% | 加工；配料的一般工艺过程 |
| 其他 | 38.45% | — |

资料来源：作者根据相关网站整理自制。

从表 1 可以看出，排名 TOP 10 的 IPC 小类占专利申请数量的 61.45%，其中 G02B 光学元件、系统或仪器技术主题的专利申请数量单项占比超过 10%，表明中国科学院系统在吉林省下设的各科研院所的研究领域较为集中且专利申请数量可观。

4. 技术功效分布情况

图 3 展示的是各技术领域内针对不同功效的专利数量分布情况，从图中可以看出 G02B 光学元件、系统或仪器技术主题在各技术功效方面均有分布，其中复杂性降低和精度提高的分布占比最多，专利技术功效分支申请量的集中度较高。而 C08G 和 C08L 技术领域在体积降低功效方面没有相关专利，C08J 技术领域在准确性提高与体积降低两个方面也没有相关专利，存在一定的技术功效空白点，各科研院所未来在上述三个技术领域可以对研发路线进行适应性的调整以完善各类技术的应用。

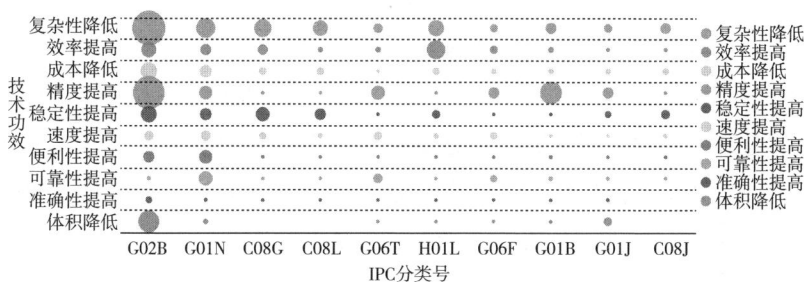

**图 3　各技术领域内不同功效的专利数量分布情况**

资料来源：作者根据相关网站整理自制。

5. 授权专利转让情况

如图 4 所示，2020~2024 年授权的专利其权利发生转让的数量变化趋势基本呈逐年增长趋势，尤其是 2023 年的转让数量达到了 33 件。但是可以看出目前中国科学院系统的科研院所的专利转化率仍然不是很高，这意味着每年大量授权专利可能仍未成功实现产业化应用和推广。

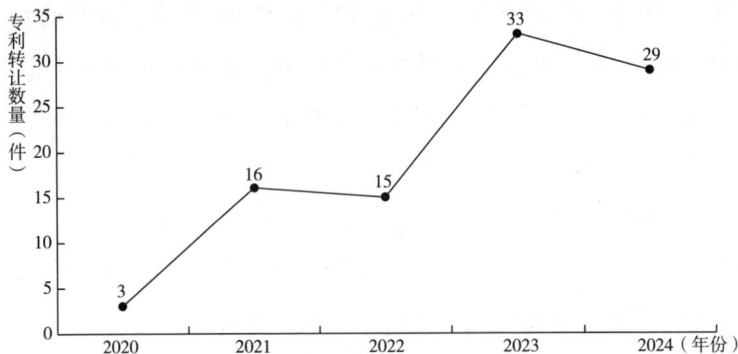

**图 4　2020~2024 年授权专利转让趋势变化**

资料来源：作者根据相关网站整理自制。

## 二　现阶段存在的问题及发展对策

《吉林省高校院所存量专利盘活工作方案》中明确提出了工作目标：2024 年 6 月底前，吉林大学、东北师范大学、长春光学精密机械与物理研究所、长春应用化学研究所等中直单位完成全部存量专利盘点入库；2024 年底前，实现全省高校院所未转化有效专利盘点全覆盖，可转化专利的企业评价工作基本完成；2025 年底前，加速转化一批高价值专利，推动高校院所专利实施率明显提高。针对上述工作目标，本文总结几点现阶段存在的问题及提出相应的策略及建议。

### （一）知识产权转化仍需提高

目前，科研院所的知识产权多数依托科研项目及学术研究而产生，其转移转化率仍然不是很高，科研院所还有相当一部分专利存量，这其中有一部分原因在于科研与市场需求脱节、知识产权转让渠道少、存在信息不对称的情况等。由于转让方与受让方尚未建立有效的联系，存在一定的信息不对称，一些有潜在价值的知识产权仍然没有得到成功转化。另外还存在科研院所对于专利成果"不会转"的现象。在专利转让过程中，除了转让方与受让方的直接对接外，还包括间接转化的途径。科研院所与市场、企业之间也可以充分利用第三方服务机构进行对接，由其为科研院所的知识产权提供技术服务和中介平台，从而全面助力智力成果进入市场与企业。此外，科研院所还可以采取普通许可、开放许可等方式，提高知识产权的推广及应用。

此外，要发挥政府的主导优势、加强部门间协同，开展多种形式的专利转化活动，如科技展览会、发布会、成果推介会等，充分推进专利的对接，提高专利对接的精准度。开展知识产权宣传活动，提高企业的知识产权意识，盘活科研院所知识产权存量、引导专利技术向企业转移，提高科技成果转化效率，加快形成新质生产力。

### （二）知识产权管理工作需要进一步完善

目前，有些科研院所的知识产权管理还停留在流程管理的阶段，也存在只对于专利产出数量和申请类型进行要求和监督考核的现象，这导致了科研院所形成了数量多但质量参差不齐的现状。另外，虽然各科研院所对于科研项目全过程中每个阶段的知识产权管理提出了明确的目标及要求，但是在具体实施过程中仍然存在职责分工落实不到位、保障措施不具体等现象，使得知识产权管理与科研项目过程管理不能同步，从而使得核心技术及产品专利布局申请滞后于项目研制过程[①]。科研院所开展知识产权管理和保护的时间并不长，因此相关的管理人员缺乏知识产权方面的系统培训和管理经验，主要工作集中在对授权专利等进行汇总统计，在日常管理工作中不能准确掌握知识产权的实时动态。

基于上述问题，本文建议科研院所将知识产权管理工作融入、贯穿到科研项目的全流程中，不能只流于形式，应明确每一环节具体工作，在前期做好知识产权分析与风险规避，以及知识产权布局规划，中期同步跟进项目进度，做好阶段性验收及知识产权保护，后期做好知识产权资料统计归档，以此助力知识产权的转化运用。同时，还要加强对于技术方案新颖

---

① 周玉新等：《军工科研院所高质量发展的知识产权管理体系构建与实施》，《航天工业管理》2024 年第 3 期。

性、创造性等方面的评审标准，把控好专利申请的质量。

### （三）知识产权保护意识有待加强

在当前的科研环境中，科研院所的专利以职务发明为主，尽管科研人员在专业领域有着深厚的造诣，但是对知识产权的保护意识还存在不足，加之日常科研任务繁重，因此对知识产权的保护精力投入不足。这在一定程度上影响了科研成果的有效保护，也降低了科研成果的经济效益。另外，由于有部分科研人员将论文作为职称评定、绩效考核等的重要指标，出现了"重论文、轻专利"的认知，这种认知不仅影响了科研成果的有效转化，也限制了科研成果在社会经济发展中的作用。

有鉴于此，我们不仅要加强对科技研究的投入和支持，更要重视专利保护和成果转化的工作。我们需要培养科研人员的知识产权保护意识，包括完善法律法规、加强宣传教育、提供专业培训和指导等，使其充分认识到知识产权保护的重要性，从而促进科研工作的健康发展，更好地保护自己的创新成果，提高科研成果的经济效益。

## 三 结语

吉林省在知识产权保护方面取得了显著进展，包括专利申请量的增长、商标注册数量的增加以及版权保护意识的不断提高。《吉林省人民政府国家知识产权局共建新产业体系知识产权强省实施方案》指出，经过五年的时间，省、市、县协同推进知识产权强省机制运行更加顺畅，吉林省知识产权政策法规日益完善，知识产权创造、运用、保护、管理、服务体系不断健全，一批重点项目、重大试点在吉林省落地实施，知识产权支撑新产业体系发展能力不断增强，率先建成东北地区领先、全国一流的知识产权强省。在开展科研院所知识产权工作的过程中，应牢牢把握以下几点：一是加强知识产权意识的培养，提高科研人员对知识产权重要性的认识；二是完善科研院所知识产权管理体系，确保科研成果得到有效保护和合理运用；三是加强与政府、企业和社会各界的合作，共同推动知识产权事业的发展。这些措施的实施，将进一步提升吉林省在知识产权领域的整体实力和影响力。

# Study on Current Situation of Intellectual Property Rights in Research Institutes in Jilin Province

## —A Case Study of the Chinese Academy of Sciences System

*Zhang Yu*

**Abstract**：China's intellectual property industry has made a lot of achievements in recent years. Scientific research institutes, as the important part of the national innovation system, are the main force for the output of a large number of innovative achievements and intellectual labor achievements. Taking the Chinese Academy of Sciences system as an example, this paper takes the Chinese Academy of Sciences system as an example and analyzes the current situation of intellectual property rights in research institutes in Jilin Province through patent literature analysis of the Chinese Academy of Sciences system from 2020 to 2024. By using analysis software and charts, the patent literature was analyzed qualitatively and quantitatively, the development trend, technology distribution and transformation of intellectual property rights were summarized, the existing problems were pointed out and the corresponding suggestions and countermeasures were put forward, in order to provide references for the future development of intellectual property in scientific research institutes of Jilin Province, further promote scientific and technological innovation of Jilin Province and accelerate the new quality productivity.

**Keywords**：Scientific Research Institutes；Intellectual Property；Jilin Province

**图书在版编目（CIP）数据**

吉林省科研机构服务创新发展研究. 2024 / 张可，
王桂华，刘竞妍主编；井丽巍，于寒，丁亚男执行主编.
北京：社会科学文献出版社，2024.12. -- ISBN 978-7-
5228-4431-2

Ⅰ. G322.233.4

中国国家版本馆 CIP 数据核字第 20248WB624 号

## 吉林省科研机构服务创新发展研究（2024）

主　　编／张　可　王桂华　刘竞妍
执行主编／井丽巍　于　寒　丁亚男
特邀主编／张世彤　孙晓丽　刘东来

出 版 人／冀祥德
组稿编辑／任文武
责任编辑／徐崇阳
责任印制／王京美

出　　版／社会科学文献出版社·生态文明分社（010）59367143
　　　　　地址：北京市北三环中路甲 29 号院华龙大厦　邮编：100029
　　　　　网址：www.ssap.com.cn
发　　行／社会科学文献出版社（010）59367028
印　　装／三河市尚艺印装有限公司

规　　格／开 本：787mm×1092mm　1/16
　　　　　印 张：15.75　字 数：235 千字
版　　次／2024 年 12 月第 1 版　2024 年 12 月第 1 次印刷
书　　号／ISBN 978-7-5228-4431-2
定　　价／88.00 元

读者服务电话：4008918866